内 容 简 介

本书聚焦南沙群岛珊瑚礁鱼类的功能多样性及资源状况，以食性为主要依据将其划分为不同的功能类群，清晰反映不同食性鱼类的功能特征，然后以鱼类分类学地位为基础，结合水下原位生态照片和调查数据，对南沙群岛珊瑚礁鱼类不同种类形态特征和生态习性进行详细描述，总结其在南沙群岛各珊瑚礁区的分布特征，反映其资源状况。本书共记录 301 种南沙群岛珊瑚礁鱼类，隶属于 143 属 46 科。

本书可为海洋生态学、海洋生物学等领域的科研工作者和高等院校学生提供专业参考，也可以作为鱼类分类和生态保护的科普读物。

图书在版编目（CIP）数据

南沙群岛珊瑚礁鱼类生态图册 / 刘胜等编著. —北京: 科学出版社, 2021.3
ISBN 978-7-03-066246-0

Ⅰ. ①南… Ⅱ. ①刘… Ⅲ. ①鱼类－图谱 Ⅳ. ①Q959.4-64

中国版本图书馆CIP数据核字（2020）第182469号

责任编辑：王海光 王 好 / 责任校对：严 娜 / 责任印制：肖 兴
书籍设计：北京美光设计制版有限公司

科学出版社 出版
北京东黄城根北街16号
邮政编码：100717
http://www.sciencep.com

北京汇瑞嘉合文化发展有限公司 印刷

科学出版社发行 各地新华书店经销
*
2021年3月第 一 版 开本：889 × 1194 1/16
2021年3月第一次印刷 印张：19 1/4
字数：623 000

定价：328.00元

（如有印装质量问题，我社负责调换）

前　言

中国南海是位于北回归线以南的热带及亚热带海域，热带海洋性气候显著，四季温差小，常年保持在较高温度（月平均最低温度 > 22.5℃），10 月中旬至翌年 3 月中旬盛行强冷的东北季风，5 月中旬至 9 月中旬盛行湿热的西南季风。作为一个半封闭的大型海洋生态系统，南海位于印度洋和太平洋交界处，独特的地理气候条件孕育了种类繁多的海洋生物，其中许多生物为南海海域特有种，对于全球物种多样性具有重要贡献。南海是中国乃至世界海洋鱼类生物多样性最丰富的海区之一，目前已知鱼类超过 3000 种，具有以印度 - 西太平洋为主体的区系特征，主要以暖水性热带种类为主。极高的鱼类多样性不仅得益于南海海域常年的高温环境和复杂的地形、底质，更为重要的是相比于我国其他海域其独特的珊瑚礁生境。中国南海的珊瑚礁面积位列东南亚地区第二，主要分布在南沙群岛、西沙群岛、中沙群岛、东沙群岛、海南岛、台湾岛和华南大陆沿岸等，处于“珊瑚礁三角区”西部边缘，已知珊瑚礁生物高达 5000 余种。我国珊瑚礁鱼类主要有 22 目 180 科 1226 种，其中软骨鱼类以真鲨目和鲼目的种类居多，硬骨鱼类则以鲈形目和鲀形目的种类居多（陈国宝等，2007）。地处南海南部海域的南沙群岛（3° 35′ N ～ 11° 55′ N，109° 30′ E ～ 117° 50′ E）最为靠近“珊瑚礁三角区”，海域面积达 80 万 km^2，为南海诸岛中海域面积最大、珊瑚礁个数最多的岛群，栖息其中的鱼类有记录可循的多达 548 种（李永振等，2011）。

复杂的珊瑚礁生境不仅为海洋鱼类及其他海洋生物提供了栖息、觅食和繁殖场所，在维持生态平衡、造礁护岛、旅游观光、海洋活性物质开发中也具有重要的生态和经济价值。作为珊瑚礁生态系统的重要组成部分，鱼类在珊瑚礁生态系统稳定与平衡中发挥着重要的调控作用。一方面鱼类是顶级捕食者的重要食物来源，另一方面鱼类也通过摄食行为对食物链下游生物起到一定的控制作用。为了在狭小的空间内共存，争夺有限的食物资源和生存空间，珊瑚礁鱼类经过千百万年来的适应和变异，进化出千姿百态的外观形态及多种多样的生活习性。从空间和时间尺度上，鱼类在珊瑚礁生态系统中占据着不同的生态位置，发挥多样的功能作用，增强了珊瑚礁生态系统抵御来自自然或人为扰动的能力。

近年来，由于珊瑚礁生境退化和渔业过度捕捞，珊瑚礁鱼类的生存面临严峻考验。2008 年世界珊瑚礁状况报告显示，全球范围内原始珊瑚礁生境已损失 19%，未来 40 年里将面临严重威胁的达 35%，生境的丧失伴随着鱼类生物量和多样性的下降（Wilkinson, 2008）。不仅如此，由于我国近海渔业资源逐渐匮乏，人们开始转向南沙群岛等珊瑚礁区开展渔业作业，近 20 年来，对南沙群岛的渔业资源开发呈逐年增加的态势。但目前我国针对珊瑚礁生态系统及其礁栖生物的研究与保护工作仍有所滞后。虽然国内外已有多部关于海洋鱼类多样性保护的著作及较多的相关文献报道，但针对我国珊瑚礁鱼类的参考资料为数不多，尤其缺乏对南沙海域珊瑚礁鱼类多样性、生存状况及生态功能的相关记录与报道。随着南海渔业捕捞压力的逐渐增大以及对南沙岛礁的开发利用，急需相关的专业指导和参考资料，以便对南沙等珊瑚礁区生物资源进行合理开发、利用与保护。

作者自 2015 年来，辗转我国南沙海域多个岛礁，通过水下影像记录、断面调查与样品采集相结合的方式，对南沙各岛礁珊瑚礁鱼类的多样性、分布及生态功能进行了调查与研究：①通过水下原位拍摄的方式，原生态地反映了珊瑚礁鱼类的形态、色泽及现场生活情况，共计获取 29 131 份影像资料；②采用国际通用的珊瑚礁调查样带截留法，在不同珊瑚礁生境、不同水深水域调查鱼类丰度及分布情况，共计获取 190 余条断面调查样带数据；③原位采集常见鱼类样品，进行食性和营养级结构分析。基于以上获取的影像资料、样带数据和食性分析结果，结合相关文献资料，从中筛选出 46 科 301 种在珊瑚礁生态系统中具有代表功能作用的鱼类。根据其食性特征和摄食策略将鱼类分为 4 个一级功能类群和 18 个二级功能类群，并对每种鱼类的形态特征、分布特征、生态习性及在南沙海域的优势度等进行了描述和总结。本书系统地展示了南沙珊瑚礁鱼类的多样性、分布及功能特征，以期为珊瑚礁鱼类生态功能研究和珊瑚礁生态系统保护与管理工作提供参考信息，也有助于大众读者了解和认识珊瑚礁鱼类，提高海洋生态环境和生物多样性保护意识。

刘 胜

2020 年 4 月

致　谢

本书作者基于南沙群岛 5 年来的珊瑚礁生态调查数据，获取了南沙群岛珊瑚礁鱼类物种多样性及资源状况的第一手宝贵资料，在此感谢中国科学院战略性先导科技专项（A 类）（XDA13020100、XDA13020400）的资助。

特别感谢中国科学院南海海洋研究所杨剑辉老师在物种鉴定中提供帮助。同时向以下工作人员在野外调查和书稿校对中给予的帮助致以衷心的感谢！

（按姓氏笔画排序）

王片片　王崚力　江　雷　李秀保　周天成　周岩岩　张　琛

张　博　练健生　胡思敏　袁　涛　高永利　黄昱霖

目 录

总 论

各 论

总 论

南沙群岛珊瑚礁鱼类生态图册

表 1　南沙珊瑚礁鱼类遇见指数

遇见指数	说明	标识
经常遇见	每次下潜游动 60 m 内大于 20 % 的概率会遇见	☆☆☆☆☆
容易遇见	每次下潜游动 60 m 内大于 10 % 小于 20 % 的概率会遇见	☆☆☆☆
不易遇见	每次下潜游动 60 m 内大于 1 % 小于 10 % 的概率会遇见	☆☆☆
较少遇见	每次下潜游动 60 m 内小于 1 % 的概率会遇见	☆☆
难遇见	由于鱼类丰度低、个体小、生性隐秘、穴居性、夜行性等因素，在潜水过程中较难遇见或被发现	☆

性进行了统计和预测（表 1）。当然，如果潜水环境符合某种鱼类偏好的栖息生境，其相遇的可能性将增加。但需要注意的是，遇见指数反映的是在潜水过程中发现鱼类的容易程度，部分鱼类可能在环境中的丰度并不低，但由于个体小、生性隐秘、穴居性、夜行性等因素，在日常的潜水过程中较难被发现。因此，遇见指数仅可为潜水及鱼类爱好者提供参考信息，不建议作为反映鱼类实际丰度情况的主要依据。

五、濒危等级与对人类的潜在威胁

基于对珊瑚礁生境及生物多样性保护的初衷，本书列举了所记录鱼类的濒危等级，以提示广大读者对稀有或濒危物种的保护。本书也提供了所记录鱼类对人类的潜在危害信息，如是否有毒等，以避免误食或直接接触导致中毒或其他意外事件发生，但并不鼓励对无毒无害或无灭绝威胁的珊瑚礁鱼类进行随意捕杀或接触。

（一）濒危等级

濒危等级划分主要参考世界自然保护联盟（International Union for Conservation of Nature，IUCN）的物种红色名录（The IUCN Red List of Threatened Species. Version 2019-3. https://www.iucnredlist.org）。濒危等级如下。

1. 灭绝（extinct, EX）：如果具有确凿证据证明一个分类单元的最后一个个体已经死亡，即认为该分类单元已经绝灭。

2. 野外灭绝（extinct in the wild, EW）：如果已知一个分类单元只生活在栽培、圈养条件下，或者只作为被自然化后的种群生活在远离其过去栖息地时，即认为该分类单元属于野外灭绝。

3. 极危（critically endangered, CR）：当一个分类单元的野生种群面临即将灭绝的概率非常高，该分类单元被列为极危。

4. 濒危（endangered, EN）：当一个分类单元未达到极危标准，但是其野生种群在不久的将来面临灭绝的概率很高，该分类单元被列为濒危。

5. 易危（vulnerable, VU）：当一个分类单元未达到极危或濒危标准，但在未来一段时间，其野生种群灭绝的概率较高，该分类单元被列为易危。

6. 近危（near threatened, NT）：当一个分类单元未达到极危、濒危或易危标准，但在不久的将来接近或可能符合受威胁等级的条件时，该分类单元被列为近危。

7. 无危（least concern, LC）：当一个分类单元未达到极危、濒危、易危或低危的标准时，该分类单元被列为无危。

8. 数据缺乏（data deficient, DD）：如果没有足够的资料来直接、间接地根据一个分类单元的分布和种群状况来评估其灭绝的受危程度时，即认为该分类单元属于数据缺乏。

9. 未评估（not evaluated, NE）：如果一个分类单元未经应用本标准进行评估，则可将该分类单元列为未评估。

（二）潜在危害信息

本书中每种鱼类对人类的潜在危害信息主要基于 Fishbase 上的标注，我们对其作出相应的解释与说明。

1. 可致外伤（traumatogenic）：一些鱼类出于自我保护的目的，当被直接接触时会对造成威胁的来源做出自卫反应而造成目标物理性的外伤，如某些鱼类具有坚硬的硬棘或尾刺，当受到惊吓或威胁时，平时收起的硬棘或尾刺会立即立起，刺伤与其接触的捕食者或人类，更需要警惕的是外伤引起的细菌感染，严重时可威胁生命安全。

2. 有雪卡毒素中毒报道（reports of ciguatera poisoning）：雪卡毒素（ciguatoxin），又名西加毒素，是一种脂溶性毒素，毒性强，不易被胃酸及高温破坏。该毒素在珊瑚礁鱼类中广泛存在，主要存在于鱼类的内脏、肌肉中。鱼类通过摄食有毒甲藻使该毒素在体内累积、转化，并向上游食物链传递。

3. 有毒（venomous）：某些鱼类的硬棘或尾刺中含有毒腺，当受到威胁或被捕食时，通过硬棘或尾刺将毒液注入目标生物体内，造成目标生物麻痹、昏迷，甚至死亡。

4. 食用有毒（poisonous to eat）：一些鱼类体内（肌肉、肝脏、生殖腺等）含有毒素，如鲀类等，如果未经处理而食用，将导致中毒。

5. 无害（harmless）：尚无有害情况发现。

6. 其他（other）：对人类具有其他的潜在威胁。

虽然本书对有毒有害的珊瑚礁鱼类进行了标注，但我们呼吁潜水爱好者及广大读者避免直接接触珊瑚礁生物或食用野生珊瑚礁鱼类，不仅是对自身安全的考虑，也是敬畏自然、敬畏生命，不打扰也不破坏这些海底生灵的正常生活。

六、南沙珊瑚礁鱼类典型功能类群

珊瑚礁鱼类种间摄食习性差异较大，在漫长的进化过程中，演化出高度多样化的摄食策略、食物偏好及摄食节律等。极为复杂的珊瑚礁鱼类种类组成及摄食策略对研究工作带来巨大挑战。以生物功能类群为研究单位，可以在复杂的生态系统中，为研究人员提供一个更为清晰的视角，利于珊瑚礁生态系统的研究及管理工作，因而一直以来得到广泛应用。功能类群（functional group）指不考虑物种间的分类学地位、具有相似生态作用的物种集合，如花粉传播动物、固氮菌、食草动物等。维持生态系统基本过程的运行是建立在功能类群内各个物种的行为基础之上。通常按照食性不同，将鱼类划分为不同功能类群，如植食性、杂食性、肉食性等。通过食性划分功能类群，不仅可以大致反映鱼类在食物网中能量传递中的地位，同时也可通过它们所摄食的食物类群来凸显它们的生态作用。该方式被越来越多的用于研究珊瑚礁鱼类应对人为干扰和生境退化的响应（Pratchett et al., 2011）。本书基于野外调查数据及相关文献资料，按照不同食性特征，将珊瑚礁鱼类划分为珊瑚食性、植食性、杂食性及肉食性 4 个一级功能类群。在此基础上，又根据取食方式和摄食对象的差异，进一步划分为 18 个二级功能类群（表 2）。我们也对部分鱼类进行了样品采集，利用分子生物学分析方法精准鉴定其食物来源，以便对食性存在争议或难以确定食物来源的鱼类功能类群进行准确评估。

表 2 南沙珊瑚礁鱼类典型功能群

一级功能类群	二级功能类群	描述
珊瑚食性	专食珊瑚型	主要以石珊瑚组织为食，如黏液、珊瑚虫等
	食软珊瑚型	以软珊瑚为食
	兼食珊瑚型	以石珊瑚组织为食，但也摄食其他食物种类，如浮游生物等
植食性（包含碎屑食性）	游动碎屑食型	游泳能力强，在礁区游弋，主要以 EAM 或珊瑚礁区的有机碎屑为食
	固定碎屑食型	游泳能力差，常停留在有限范围内，以 EAM 中的有机碎屑为食
	啃食型	上下颌咬合能力强，常把礁石或珊瑚大块啃下，以获取其表面附生或内生的藻类或珊瑚
	刮食型	上下颌咬合能力较强，但次于啃食型鱼类，主要以礁石表面附生生物为摄食对象
	割食型	以切割的方式摄食丝状藻类的上部，对藻类附着基质影响较小
	食大型藻型	以大型藻类的组织为食
	领域看护型	具有领域性，驱赶其他植食性鱼类在其领地内摄食藻类，保护自己的食物资源
杂食性（包含浮游食性）	日行浮游食型	以浮游生物为食，摄食活动一般在白天
	夜行浮游食型	以浮游生物为食，摄食活动一般在夜晚
	底栖杂食型	食性杂，藻类、底栖动物、鱼类、碎屑都有所摄食
肉食性	食鱼型	为珊瑚礁区的顶级捕食者，主要以其他鱼类为食
	一般肉食型	通常意义上的肉食性，不仅以其他鱼类为食，也会摄食无脊椎动物等
	食大型无脊椎动物型	以个体较大的无脊椎动物（体长 >5 mm）为食
	食小型无脊椎动物型	以个体较小的无脊椎动物（体长 <5 mm）为食
	食寄生虫型	即所谓的“鱼医生”，以其他鱼类体表的寄生虫为食

注：植食性鱼类主要摄食对象为大型藻类和礁石表生藻类基质（epilithic algal matrix, EAM），EAM 是珊瑚礁初级生产力的主要来源，是珊瑚礁区特有且普遍存在的底质类型，成分复杂，主要以丝状藻类为主，另包含微生物、沉积物、有机碎屑及小型无脊椎动物等

（一）珊瑚食性鱼类

以活珊瑚（珊瑚虫）为食的鱼类是健康珊瑚礁生态系统的重要组成部分，代表了物质与能量从珊瑚初级生产者向上层营养级流通的重要途径，也是珊瑚礁鱼类中最为绚丽多彩的一个类群。但珊瑚食性鱼类的种类数和丰度较低，在南沙珊瑚礁海域中，种类数占鱼类总种数的 8.5%，生物量占鱼类总生物量的 1.8%，因此对于该类群鱼类的研究和认识较少。珊瑚食性鱼类主要来自蝴蝶科（Chaetodontidae），其他还有隆头鱼科（Labridae）、鹦嘴鱼科（Scaridae）等部分种类。约 1/3 种类的珊瑚食性鱼类仅以珊瑚为食，而另外 2/3 种类的食物组成中珊瑚也占据了 80% 以上。珊瑚食性鱼类对摄食的珊瑚种类具有明显的偏好性，通常为鹿角珊瑚（*Acropora* spp.）、杯形珊瑚（*Pocillopora* spp.）和滨珊瑚（*Porites* spp.）。以上珊瑚种类通常为造礁石珊瑚优势种，珊瑚食性鱼类的摄食可以限制以上几种珊瑚的丰度和分布。虽然对珊瑚优势种类的摄食在某种程度上可能会加剧外界干扰对珊瑚礁生态系统的影响，但珊瑚优势种类被限制后有利于其他珊瑚种类的生长和扩散，在某种程度上可促进珊瑚群体的多样性，更有利于珊瑚礁生态系统的健康发展。值得注意的是，由于珊瑚食性鱼类对珊瑚的依赖性，其种类与丰度总会在珊瑚优势丧失的情况下迅速减少，尤其是专食珊瑚型鱼类，相比于其他珊瑚食型鱼类，更容易受到珊瑚退化的影响（Pratchett et al., 2011）。因此珊瑚食性鱼类可以作为珊瑚礁健康状况评估的潜在指示物种。对于珊瑚食性鱼类种群动态与生态功能的研究，将有助于研究者准确了解珊瑚礁生态系统正在发生的结构与功能变化。

（二）植食性鱼类

植食性鱼类被广泛认为是珊瑚礁生态系统中最为重要的一类功能类群。相较于其他鱼类，南沙珊瑚礁植食性鱼类的种类数并不算多，仅占鱼类总种数的 17.7%，但占鱼类总生物量的 53.5%，是珊瑚礁食物网稳定结构的基石。据有关文献统计，植食性鱼类可消耗珊瑚礁区藻类净初级生产力的 90%（Polunin et al., 1995; Ferreira et al., 1998），对藻类的生物量起到有效的下行控制作用，保持珊瑚与底栖藻类之间健康的平衡状态，促进珊瑚种群的补充与更新，加强珊瑚自我恢复能力。植食性鱼类丰度和多样性的改变，会对珊瑚礁生态系统的稳定性及功能产生影响。多项研究表明，植食性鱼类或其他植食动物的缺失会使藻类生长失去控制，珊瑚礁生境将逐步过渡为藻类优势状态，此种过程往往是不可逆转或难以恢复的（Hughes et al., 2007a; Smith et al., 2010），会导致多维的空间结构变得简单化，生物多样性下降，珊瑚礁复杂的群落结构被单一的物种组成所取代，相关生态功能丧失。

植食性鱼类均以藻类为主要食物来源，但种间摄食习性差异较大，主要摄食大型藻类和礁石表生藻类基质（EAM）。EAM 通常会在珊瑚退化后，覆盖在死亡珊瑚的表面，可占据珊瑚礁基底面积的 30% ～ 80%，是珊瑚退化后的主要替代底质类型之一（Goatley and Bellwood, 2011）。EAM 是碎屑（刷食）食型、啃食型、刮食型和割食型等鱼类的主要食物来源，不同功能类群鱼类所取食的成分因摄食方式不同而有所差异。啃食型或刮食型鱼类通过特殊口器直接啃下珊瑚礁体或刮食珊瑚礁石表面，以获取表面附生或生长于礁体间隙的藻类及其附着基质或其他生物，对珊瑚礁体具有一定的生物侵蚀作用。其代表类群鹦嘴鱼是珊瑚礁鱼类中较为特殊的一类群体，它们的牙齿融合形成强壮的、形似鹦鹉喙的上下颚，利于咬合坚硬物质，同时具有发达的咽骨，可以有效地将钙化物质研磨粉碎。虽然部分鹦嘴鱼种类以活珊瑚为食，但对珊瑚的生长和繁殖影响较小，并且绝大部分种类的摄食活动都是针对有藻类附着的基质，包括壳状珊瑚藻类、藻坪藻类和大型藻类等，为珊瑚幼体补充、生长和繁殖提供了强有力的支撑。因此鹦嘴鱼通常被作为珊瑚礁生态系统健康状况的指示物种。碎屑食型鱼类主要以珊瑚礁中的碎屑及其他有机质为食，如栉齿刺尾鱼（*Ctenochaetus striatus*）具有帚状牙齿，可以有效刷取丝状藻类或 EAM 中的碎屑、微藻、小型无脊椎动物等。据估计，在大堡礁上以 EAM 为食的鱼类群落中，碎屑食性鱼类至少占个体数量的 20% 及生物量的 40%（Wilson et al., 2003）。这些鱼类对碎屑的摄食及同化作用是物质与能量从 EAM 内部传递给次级消费者的重要途径，成为珊瑚礁营养动态过程中的关键部分。割食型鱼类，如日本刺尾鱼（*Acanthurus japonicus*）、双斑刺尾鱼（*Acanthurus nigrofuscus*）等，摄食方式类似割草机，只切割 EAM 中丝状藻类的上半部作为食物来源，而对藻类附着基损伤较小。食大型藻型鱼类主要以成熟的大型藻类为食，对大型藻类的移除作用最为明显，但该类群鱼类对食物种类具有高度选择性，仅摄食少数种类的藻类，如马尾藻等（*Sargassum* spp.），且鱼类品种单一、优势度低，对藻类的控制作用有限。领域看护型鱼类以雀鲷科（Pomacentridae）为代表，该类群鱼类领域性较强，为维护周围领域的食物资源，常与其他植食性鱼类发生争斗，但自身对于藻类的摄食有限，并不能对所占区域的藻类起到有效控制作用。

植食性鱼类对以珊瑚为主导生境的维持作用是有限的，珊瑚礁生境持续退化也会对植食性鱼类的生存造成影响，加之对珊瑚礁渔业资源的过度开发，植食性鱼类种群数量及物种多样性下降趋势日益严重。鱼类多样性及丰度的下降将导致以摄食为驱动的生态功能受到限制，进而影响珊瑚礁生态系统结构与功能正常运转，生态结构失衡，导致珊瑚覆盖率进一步降低。植食性鱼类在平衡大型藻类与珊瑚间竞争关系中具有重要作用，它们的数量和多样性的改变引起的生态功能变化，对于系统功能的正常运转与生境的自然恢复尤为重要。全球范围内以珊瑚为主导的生境正逐步退化至藻类主导生境，在这样的大趋势下，植食性鱼类的生态地位日显突出。

（三）肉食性鱼类

肉食性鱼类为珊瑚礁区的顶级捕食者，以其他动物（如鱼类、无脊椎动物等）为食，对上述动物的种群数量起到一定的下行控制作用。肉食性鱼类是珊瑚礁区物种多样性最高的一个类群。在南沙珊瑚礁海域，肉食性鱼类约占鱼类总种数的 48.5%，约占鱼类总生物量的 28.4%。肉食性鱼类的多样化来源于珊瑚礁中多样的食物来源和复杂的生境结构。捕食者与被捕食者之间的长期“军备竞赛”发展出多样的捕食策略，出现对被捕食者的特化捕食。有文献报道称，在珊瑚礁区约 80% 的动物种类可能仅会被某一种肉食性鱼类所捕食（Leray et al., 2015）。高度特化的捕食现象说明肉食性鱼类在控制生物群落结构方面的特殊性和不可或缺性，任一种肉食性鱼类的缺失或灭绝都可能会导致严重的生态后果。目前人们对珊瑚礁渔业资源的开发利用，主要集中于将肉食性鱼类作为优质食物蛋白质来源来获取。随着捕捞技术和市场需求的快速发展，对珊瑚礁鱼类的过度捕捞现象日益严重。调查发现，南沙珊瑚礁肉食性鱼类多为体长小于 20 cm 的小型鱼类，体长大于 50 cm 的鱼类少有发现。说明在过度捕捞与生境退化的双重压力下，南沙珊瑚礁区渔业资源出现小型化的趋势。对肉食性鱼类的生态功能研究与资源状况调查可以为南沙珊瑚礁区渔业资源的合理开发与保护提供科学依据，利于珊瑚礁生态功能维持与渔业资源开发的平衡发展。

（四）杂食性鱼类

杂食性鱼类兼以植物性和动物性饵料为营养来源，在本书中考虑到浮游食性鱼类的摄食种类包含浮游植物和浮游动物，也具备上述特征，故将浮游食性鱼类归为杂食性类群中的浮游食型。南沙珊瑚礁区杂食性鱼类主要由浮游食型鱼类和典型底栖杂食型鱼类构成，而浮游食型鱼类又可根据摄食节律的差异，分为日行性浮游食型和夜行性浮游食型。杂食性鱼类约占南沙珊瑚礁鱼类总种类数的 25.3%，占鱼类总生物量的 16.4%，其中浮游食型鱼类生物量占比达到 12.1%，而底栖杂食型鱼类仅为 4.0%。浮游食型鱼类摄食过程代表了营养物质从水层向底层转移的重要途径。众所周知，珊瑚礁生态系统极高的初级生产力来源于对营养物质的高效循环利用，珊瑚礁区一般处于氮磷贫瘠的寡营养水域，限于有限的营养元素，珊瑚礁区的净初级生产力较低。

浮游食型动物摄食珊瑚礁周边海域的浮游生物，可以为珊瑚礁区营养元素的富集提供一个潜在的供应途径（部分珊瑚虫种类也会摄食水体中的浮游生物，以补充体内虫黄藻光合作用中所需的营养元素）。因此浮游食型鱼类在珊瑚礁生态系统物质与能量循环中可能扮演重要角色，但目前缺乏对该生态过程及功能的研究。底栖杂食型鱼类的食物来源极其广泛，不仅包含各种动物性和植物性饵料，还包括各种碎屑、动物黏液、鱼类鳞片等，食物种类杂而广泛赋予该类群鱼类对生境变化较强的适应能力，分布不会受限于生境退化导致的食物资源短缺等问题。食物来源广泛的杂食性鱼类在某种程度上可能会对部分其他种类鱼类功能缺失起到一定的补偿作用。遗憾的是，由于杂食性鱼类种类数和丰度均较低（可能是由于其食性宽泛而与其他鱼类存在激烈的竞争关系），该类群鱼类尚未引起足够的关注，也缺乏相关的研究和资料。

各论

南沙群岛珊瑚礁鱼类生态图册

一、真鲨目 Order CARCHARHINIFORMES

（一）真鲨科 Family Carcharhinidae

体型大小多样化。一般眼圆，具瞬膜。不具鼻须或鼻口沟。通常不具喷水孔，少数几属具有细小喷水孔。背鳍 2，前者大于后者，位于腹鳍之前；尾鳍下叶发达，上叶背缘呈波浪状。本书记录 1 属 1 种。

1. 三齿鲨属 Genus *Triaenodon*

【1】三齿鲨 *Triaenodon obesus*

英文名： Whitetip reef shark

形态特征： 体形修长。体背侧灰褐色；腹侧白色。主要特征是第一背鳍和尾鳍上叶鳍尖为白色。

分布特征： 礁栖鱼类，栖息于潟湖和向海礁区；栖息水深范围为1～330 m，通常为8～40 m；分布于印度洋-太平洋海域。

生态习性： 白天在洞穴或珊瑚礁石下、沙底、水道中休息，夜晚出来捕食；以底栖动物为食，如鱼类、章鱼、龙虾和蟹。

功能类群： 肉食性-一般肉食型。

濒危等级： 低危(NT)。

潜在危害： 有雪卡毒素中毒报道。

优势度： 稀有种。

遇见指数： ☆。

二、鲼形目 Order MYLIOBATIFORMES

（二）魟科 Family Dasyatidae

体呈扁平菱形或圆盘状，体盘宽约为其长的 1.2 倍。尾细长呈鞭状，大多数种类的尾部至少有 1 长毒刺。头部侧边与胸鳍连续；背鳍完全消失或不明显；无尾鳍。卵胎生。本书记录 2 属 3 种。

2. 条尾魟属 Genus *Taeniura*

【2】黑斑条尾魟 *Taeniura meyeni*

英文名： Round ribbontail ray

形态特征： 体盘圆形。体表有黑白相间的斑点。深而突出的腹侧皮肤褶皱延伸到尾尖。

分布特征： 礁栖鱼类，栖息生境广泛，从浅潟湖至外礁坡均有所分布；栖息水深范围为1～500 m，通常为20～60 m；分布于印度洋-西太平洋海区。

生态习性： 以底栖鱼类、双壳类、蟹类和虾类为食。

功能类群： 肉食性-一般肉食型。

濒危等级： 易危(VU)。

潜在危害： 有毒。

优势度： 稀有种。

遇见指数： ☆。

【3】蓝斑条尾魟 *Taeniura lymma*

英文名： Ribbontail stingray

形态特征： 体盘圆形。体表有较大的亮蓝色斑点。尾部有蓝色的侧条纹，尾较粗，后逐渐变细，尾长不到体长两倍。尾鳍宽而下端伸到尾尖。

分布特征： 礁栖鱼类，通常出现在珊瑚礁周边；栖息水深范围通常为1～20 m；分布于印度洋-西太平洋海区。

生态习性： 涨潮时成群地迁徙到浅沙区，在退潮时分散躲避在洞穴和礁坡下，很少发现藏于沙底；以软体动物、蠕虫、虾和蟹为食。

功能类群： 肉食性-食大型无脊椎动物型。

濒危等级： 低危(NT)。

潜在危害： 有毒。

优势度： 稀有种。

遇见指数： ☆。

3. 翼魟属 Genus *Pteroplatytrygon*

【4】黑魟 *Pteroplatytrygon violacea*

英文名：Blackish stingray

形态特征：体盘圆形。体色呈均匀的紫色、暗紫色或暗蓝绿色，体表无斑点。吻部宽而圆润。尾长不及体长的2倍，尾部具有尖刺。胸鳍延伸呈尖角；尾鳍宽，下端伸到尾尖前部。

分布特征：远洋栖息性；栖息水深范围为1～381 m，通常为1～100 m；广泛分布于热带和亚热带海域。

生态习性：以腔肠动物（包括水母）、鱿鱼、甲壳类和鱼类为食。

功能类群：肉食性-一般肉食型。

濒危等级：无危(LC)。

潜在危害：有毒。

优势度：稀有种。

遇见指数：☆。

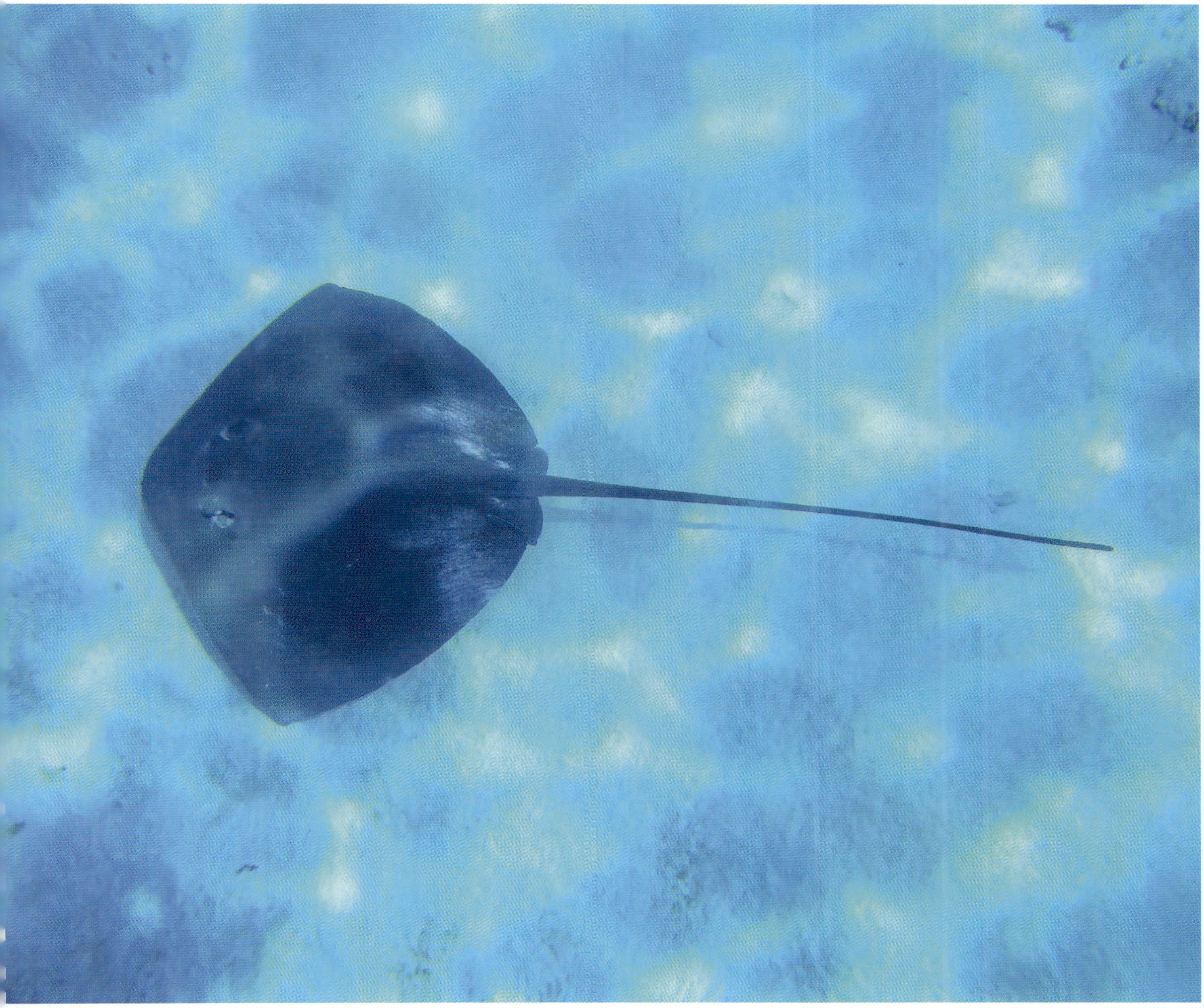

（三）鲼科 Family Aetobatidae

体呈扁平菱形。尾细长如鞭，具尾刺。胸鳍前端分化为吻鳍，与胸鳍分离，呈一单叶；具 1 小型背鳍。卵胎生。本书记录 1 属 1 种。

4. 鹞鲼属 Genus *Aetobatus*

【5】纳氏鹞鲼 *Aetobatus narinari*

英文名：Whitespotted eagle ray
形态特征：体盘宽约为长的2倍，体盘上有白色斑点，腹部白色。吻长，弧形，钝圆，似鸭嘴。尾细长，无尾鳍，约为体盘长4倍，尾刺有毒腺。
分布特征：咸水、咸淡水底栖鱼类，常见于浅水近岸海域，有时进入河口；栖息水深范围为1～80 m；广泛分布于大西洋与太平洋的热带和暖温带海域。
生态习性：主要以双壳类为食，也食鱼、虾、蟹、章鱼等。
功能类群：肉食性-食大型无脊椎动物型。
濒危等级：低危(NT)。
潜在危害：可致外伤。
优势度：稀有种。
遇见指数：☆。

三、鳗鲡目 Order ANGUILLIFORMES

（四）海鳝科 Family Muraenidae

体长，体表无鳞。口大，齿多，无舌。鳃孔小，圆形或水平裂缝样。无胸鳍。肉食性，多数种类夜间较为活跃，白天躲藏于洞穴或缝隙中。雌雄同体，存在性逆转过程。本书记录 1 属 4 种。

5. 裸胸鳝属 Genus *Gymnothorax*

【6】豆点裸胸鳝 *Gymnothorax favagineus*

英文名： Laced moray

形态特征： 体色呈白色或灰白色，体表有黑色斑点，密集程度及形状不规则且个体差异大，往往与其生长阶段及所处生境有关。

分布特征： 咸水、咸淡水礁栖鱼类，主要栖息于珊瑚礁或岩礁的洞穴或缝隙中；栖息水深范围为1～50 m；分布于印度洋-太平洋海域。

生态习性： 主要以鱼类和头足类为食，大的个体可能具攻击性；栖息的洞穴附近常见清洁鱼类或虾类，为其清除体表或口中的寄生虫等。

功能类群： 肉食性-一般肉食型。

濒危等级： 无危(LC)。

潜在危害： 有雪卡毒素中毒报道。

优势度： 稀有种。

遇见指数： ☆。

【7】黄边裸胸鳝 *Gymnothorax flavimarginatus*

英文名：Yellow-edged moray

形态特征：体色微黄，体表有密集的深褐色小斑点。头前段略带紫灰色。鳃裂处有黑色斑点。鳍后缘黄绿色。

分布特征：礁栖鱼类；栖息水深范围为1～150 m；分布于印度洋-太平洋海域。

生态习性：穴居，伺机捕获鱼类、头足类、甲壳类，所居洞穴附近常可见清洁鱼类。

功能类群：肉食性-一般肉食型。

濒危等级：未评估(NE)。

潜在危害：有雪卡毒素中毒报道。

优势度：稀有种。

遇见指数：☆。

【8】爪哇裸胸鳝 *Gymnothorax javanicus*

英文名：Giant moray

形态特征：体表有黑色斑点，至头部逐渐变为豹纹斑点。鳃裂处有一块黑色区域。

分布特征：礁栖鱼类，主要栖息于珊瑚礁或岩礁的洞穴或缝隙中；栖息水深范围为1～50 m；分布于印度洋-太平洋海域。

生态习性：一般以鱼类为食，偶尔摄食甲壳类，处于珊瑚礁食物链的顶端位置。

功能类群：肉食性-食鱼型。

濒危等级：未评估(NE)。

潜在危害：有雪卡毒素中毒报道。

优势度：稀有种。

遇见指数：☆。

【9】斑点裸胸鳝 *Gymnothorax meleagris*

英文名： Turkey moray

形态特征： 体表黑色或棕色，有黄白小圆点。上下颌尖长，略成钩状。鳃孔黑色。尾端为白色。

分布特征： 咸水、淡水、咸淡水均可生存，礁栖鱼类，主要栖息于珊瑚礁或岩礁的洞穴或缝隙中；栖息水深范围为1～51 m；分布于印度洋-太平洋海域。

生态习性： 食欲旺盛，性情凶猛，一般以鱼类为食，偶尔摄食甲壳类。

功能类群： 肉食性-食鱼型。

濒危等级： 未评估(NE)。

潜在危害： 有雪卡毒素中毒报道。

优势度： 稀有种。

遇见指数： ☆☆。

四、仙女鱼目 Order AULOPIFORMES

（五）狗母鱼科 Family Synodidae

体小，体延长，前部呈圆筒形，后部侧扁。吻端尖；口大而宽，有细长的尖牙；齿发达，在上下颌、颚骨及舌面多呈刷毛状，亦具有一些较大的犬齿。各鳍无硬棘，具脂鳍。本书记录 2 属 4 种。

6. 蛇鲻属 Genus *Saurida*

【10】细蛇鲻 *Saurida gracilis*

英文名：Gracile lizardfish

形态特征：体色为斑驳的灰色和褐色，体后部有3黑色或弥散状的条斑。背鳍、尾鳍和臀鳍有黑色横纹。

分布特征：礁栖鱼类，底栖，栖息于沙底或有粉砂的礁石；栖息水深范围为0～135 m，通常为1～12 m；分布于印度洋-太平洋海域。

生态习性：通常在沙底上停滞不动，以身体花纹作为伪装，甚至整个身体埋入沙中只露出眼睛，伺机捕获途经的鱼类和甲壳类为食，夜行性。

功能类群：肉食性-一般肉食型。

濒危等级：无危(LC)。

潜在危害：无害。

优势度：稀有种。

遇见指数：☆☆☆。

7. 狗母鱼属 Genus *Synodus*

【11】革狗母鱼 *Synodus dermatogenys*

英文名：Sand lizardfish

形态特征：体色为斑驳的灰色至褐色，体表有7不规则的黑色条带，体侧中部不具褐色纵带，尾柄也不具黑色斑块。

分布特征：礁栖鱼类，主要栖息于沿岸海草床或珊瑚礁潟湖区域沙底；栖息水深范围为1～91 m；分布于印度洋-太平洋海域。

生态习性：利用体色伪装，常停滞于沙底，甚至是埋藏于沙中，仅露出眼睛，伺机捕食途经的小型鱼类和虾类，肉食性。

功能类群：肉食性-一般肉食型。

濒危等级：无危(LC)。

潜在危害：无害。

优势度：稀有种。

遇见指数：☆。

【12】斑尾狗母鱼 *Synodus jaculum*

英文名： Lighthouse lizardfish

形态特征： 体色为斑驳的灰色至褐色，有深棕色鞍状斑。鳍透明，背部和尾部上有淡棕色斑点。尾柄近尾鳍鳍条基部有明显的黑色斑点。

分布特征： 礁栖鱼类，底栖；栖息水深范围为2～100 m；分布于印度洋-太平洋海域。

生态习性： 利用体色伪装，常停栖于硬底质，伺机捕食途经的小型鱼类和虾类。

功能类群： 肉食性-一般肉食型。

濒危等级： 无危(LC)。

潜在危害： 无害。

优势度： 稀有种。

遇见指数： ☆。

【13】杂斑狗母鱼 *Synodus variegatus*

英文名： Variegated lizardfish

形态特征： 成鱼体色多变，灰色至红色皆有，某些个体体侧有沙漏状或鞍状斑，但这些斑通常被一条较粗的暗红色斑遮盖。

分布特征： 礁栖鱼类，底栖，栖息于潟湖和外礁坡，有时也发现于沙地；栖息水深范围为3～121 m，通常为5～60 m；分布于印度洋-太平洋海域。

生态习性： 喜欢在坚硬的底质上休息且成对出现，伺机捕食途经的鱼，也捕食虾类。

功能类群： 肉食性-一般肉食型。

濒危等级： 无危(LC)。

潜在危害： 无害。

优势度： 稀有种。

遇见指数： ☆。

五、鲻形目 Order MUGILIFORMES

（六）鲻科 Family Mugilidae

体延长，稍侧扁，略呈圆柱体。头中大，常宽而平扁；口小，端位或近下位。前颌骨能伸出；颌齿细小或无齿。鳞中大，头部被圆鳞，体被弱栉鳞，鳍上亦被小圆鳞；头部及体侧的侧线发达。鳃耙细长，用以滤取泥沙中的有机物。背鳍2，分离；臀鳍具3硬棘；腹鳍腋鳞发达；尾鳍内凹或稍分叉。本书记录1属1种。

8. 粒唇鲻属 Genus *Crenimugil*

【14】粒唇鲻 *Crenimugil crenilabis*

英文名： Fringelip mullet

形态特征： 体呈长纺锤形，前部钝圆，后部侧扁。体背深棕绿色，体侧至腹部从银白色过渡至白色。吻短；唇厚，下唇有1似乳头状物。脂眼睑发达，脂眼睑与眼径比1.4：1～2.5：1。胸鳍黄色，基部上端有1黑蓝色斑点；其余各鳍灰黄色。

分布特征： 礁栖鱼类，栖息于沿海海域潟湖、礁滩和潮池的沙底或泥地中；栖息水深范围为0～20 m；分布于印度洋-太平洋海域。

生态习性： 成群活动于浅水区域；以滤食方式获取水底表层沙子或泥土中的藻类和微小型动物的碎屑。

功能类群： 植食性-游动碎屑食型。

濒危等级： 无危(LC)。

潜在危害： 无害。

优势度： 稀有种。

遇见指数： ☆。

六、金眼鲷目 Order BERYCIFORMES

（七）金鳞鱼科 Family Holocentridae

体呈椭圆形或卵圆形，中等侧扁。大多种类体色多带淡红色。体被大型栉鳞；侧线完全。口端位，斜裂。眼大。背鳍单一且连续；尾鳍深叉形。夜行性。以甲壳类、蠕虫类和小鱼为食。本书记录 3 属 8 种。

9. 棘鳞鱼属 Genus *Sargocentron*

【15】尾斑棘鳞鱼 *Sargocentron caudimaculatum*

英文名：Silverspot squirrelfish

形态特征：头部和身体为红色。头部具黏液囊，鳞片边缘银色。尾柄前部有银白色斑点，死亡后消失。背鳍硬棘部分为斑驳的浅红色，鳍膜边缘为鲜红色。

分布特征：礁栖鱼类，在外礁区域最为常见的棘鳞鱼种类，潟湖内也有分布；栖息水深范围为2～40 m；分布于印度洋-太平洋海域。

生态习性：独居或成群，夜行性，以底栖的虾蟹为食。

功能类群：肉食性-一般肉食型。

濒危等级：无危(LC)。

潜在危害：有毒。

优势度：一般种。

遇见指数：☆☆☆。

【16】黑鳍棘鳞鱼 *Sargocentron diadema*

英文名： Crown squirrelfish

形态特征： 体表有交替的红色宽纵纹和银白色细纵纹。头部红色，并有2垂直的白色条纹。背鳍的硬鳍鳍膜全为红色至红黑色，中央白色细纵纹止于中部，其后的硬棘为白色；臀鳍最大棘区为深红色。

分布特征： 礁栖鱼类，栖息于潟湖和向海珊瑚礁区的浅水区；栖息水深范围为1～60 m，通常为2～30 m；分布于印度洋-太平洋海域。

生态习性： 白天出现于岩壁下或裂缝中，以等足类为食，夜晚在开阔的沙地和珊瑚礁区的浅水区活动；以小型无脊椎动物或小型鱼类为食。

功能类群： 肉食性-一般肉食型。

濒危等级： 无危(LC)。

潜在危害： 有毒。

优势度： 稀有种。

遇见指数： ☆。

【17】尖吻棘鳞鱼 *Sargocentron spiniferum*

英文名： Sabre squirrelfish

形态特征： 头部和身体为红色。眼后方的前鳃盖骨上有1垂直的长方形的深红色斑点。鳞片边缘银白色。背鳍多硬棘，深红色；其余鳍橙黄色。

分布特征： 礁栖鱼类，栖息地广泛，礁滩、潟湖、礁台等均可见其踪迹；栖息水深范围为1～122 m；分布于印度洋-太平洋海域。

生态习性： 独居，为该属体型最大种；夜行性，白天躲藏于大块礁石或礁台边缘的隐蔽处；以蟹、虾和小鱼为食。

功能类群： 肉食性-一般肉食型。

濒危等级： 无危(LC)。

潜在危害： 有雪卡毒素中毒报道。

优势度： 稀有种。

遇见指数： ☆☆。

10. 新东洋鳂属 Genus *Neoniphon*

【18】黑鳍新东洋鳂 *Neoniphon opercularis*

英文名：Blackfin squirrelfish

形态特征：体呈银白色，体侧鳞片有暗红色或黑色印记。背鳍硬棘部分为黑色，基底白色；背鳍软鳍条部分、臀鳍和尾鳍为淡红色至黄色；胸鳍粉红色；腹鳍白色。

分布特征：礁栖鱼类，栖息于珊瑚丰富的潮下礁滩、潟湖和向海的礁区；栖息水深范围为3～25 m；广泛分布于印度洋-太平洋海域。

生态习性：独居或成小群；以底栖虾蟹为食。

功能类群：肉食性-一般肉食型。

濒危等级：无危(LC)。

潜在危害：有毒。

优势度：稀有种。

遇见指数：☆。

【19】条新东洋鳂 *Neoniphon sammara*

英文名： Sammara squirrelfish

形态特征： 体细长。体侧上半部为略带粉色的银色，下半部为银色。每鳞片有1深红色至黑色的斑点。沿侧线上具1淡红色的斑纹。胸鳍淡粉色；腹鳍白色；尾鳍上下叶外缘、背鳍和臀鳍的前部为红色。

分布特征： 礁栖鱼类，最为常见的新东洋鳂，栖息于海草床和硬底质的区域；栖息水深范围为0～46 m；广泛分布于印度洋-太平洋海域。

生态习性： 喜成群，夜行性，白天藏于枝状的鹿角珊瑚中，或礁石间并不十分隐蔽处；以等足类为食，夜晚出来捕食小型鱼类和虾蟹。

功能类群： 肉食性-一般肉食型。

濒危等级： 无危(LC)。

潜在危害： 有毒。

优势度： 稀有种。

遇见指数： ☆☆。

11. 锯鳞鱼属 Genus *Myripristis*

【20】大鳞锯鳞鱼 *Myripristis berndti*

英文名：Blotcheye soldierfish

形态特征：成鱼上下颚闭合时，下颚较为突出。鳞片中央银粉色到淡黄色，边缘红色。鳃盖后缘具黑色带，可延伸至眼部下缘。胸鳍基部具黑色斑点；背鳍硬棘部上半部鲜黄色至橘黄色；背鳍软鳍条部分及臀鳍、腹鳍和尾鳍前缘为白色，后接1宽的红色条带，有时在红色区域内会出现黑色斑纹。

分布特征：礁栖鱼类，栖息于潮下带礁台、水道和外礁坡边缘下的洞穴中；栖息水深范围为3～159 m，通常为3～15 m；分布于印度洋-太平洋海域。

生态习性：松散的聚集成群，夜行性；以浮游动物为食，如蟹幼体等。

功能类群：杂食性-夜行浮游食型。

濒危等级：无危(LC)。

潜在危害：无害。

优势度：稀有种。

遇见指数：☆。

【21】孔锯鳞鱼 *Myripristis kuntee*

英文名：Shoulderbar soldierfish

形态特征：体背部红色，侧线以下为带粉色的银色。鳃孔上端至胸鳍基部有1红棕色条斑。鳍红色，背鳍多硬棘，基部呈半透明的红色；各鳍边缘为黄色。

分布特征：礁栖鱼类，生活于潮下带礁滩、潟湖和浪涌区至少26 m以下的礁区，通常出现于珊瑚较为丰富的区域；栖息水深范围为0～65 m；分布于印度洋-太平洋海域。

生态习性：经常聚集成群，夜行性；以小鱼、甲壳动物和浮游动物，如蟹幼体等为食。

功能类群：杂食性-夜行浮游食型。

濒危等级：无危(LC)。

潜在危害：无害。

优势度：稀有种。

遇见指数：☆☆。

【22】紫色锯鳞鱼 *Myripristis violacea*

英文名： Lattice soldierfish

形态特征： 体背部红色，腹部淡红色，并带有银色至紫色光泽。鳃膜至鳃盖骨棘间有1深橘红色的带状条斑。各鳞后端边缘为黑色。各鳍橘红色，末端橘色；腹鳍棘为白色。

分布特征： 礁栖鱼类，出现于潟湖、水道和半封闭的礁区，常见于枝状珊瑚和层状珊瑚附近；栖息水深范围为3～30 m；广泛分布于印度洋-太平洋海域。

生态习性： 夜行性；以浮游动物为食，如蟹幼体等。

功能类群： 杂食性-夜行浮游食型。

濒危等级： 无危(LC)。

潜在危害： 无害。

优势度： 稀有种。

遇见指数： ☆☆。

七、海龙鱼目 Order SYNGNATHIFORMES

（八）烟管鱼科 Family Fistulariidae

体极细长。体表无鳞或被以细小的皮刺。口鼻延长呈管状，无齿。背鳍无硬棘；尾鳍叉形，中间的 2 鳍条延长呈丝状。本书记录 1 属 1 种。

12. 烟管鱼属 Genus *Fistularia*

【23】棘烟管鱼 *Fistularia commersonii*

英文名：Bluespotted cornetfish

形态特征：体延长而侧扁，后方圆柱形。吻延长为管状。尾延长至长鞭状。背鳍和臀鳍基底短且相对。

分布特征：礁栖鱼类，主要栖息于有大浪的礁石区域，在珊瑚礁区附近的沙底也有发现；栖息水深范围为 0～132 m；分布于印度洋-太平洋海域。

生态习性：以小型鱼类、甲壳类和乌贼为食。

功能类群：肉食性-一般肉食型。

濒危等级：无危(LC)。

潜在危害：无害。

优势度：稀有种。

遇见指数：☆。

（九）管口鱼科 Family Aulostomidae

体长。口延长呈管状，上颌无齿，下颌尖端有细长的倒刺状齿。体被栉鳞。尾鳍圆形。本书记录 1 属 1 种。

13. 管口鱼属 Genus *Aulostomus*

【24】中华管口鱼 *Aulostomus chinensis*

英文名： Chinese trumpetfish

形态特征： 体延长，稍侧扁。体色变化大。吻突出呈管状，侧扁。口小，斜裂。尾鳍圆形。

分布特征： 礁栖鱼类，主要栖息于珊瑚礁区；栖息水深范围为3～122 m；分布于印度洋-太平洋海域。

生态习性： 以小型鱼类与虾类为食，行动迟缓，倒立隐藏于软珊瑚、大型藻类或柳珊瑚中，通过体色变化，与周围环境融为一体，躲避捕食者，也通过此种方法垂直游动到猎物附近捕食。

功能类群： 肉食性-一般肉食型。

濒危等级： 无危(LC)。

潜在危害： 无害。

优势度： 少见种。

遇见指数： ☆☆☆。

八、鲉形目 Order SCORPAENIFORMES

（十）鲉科 Family Scorpaenidae

体略扁，头部有棘突或棘刺。体色多变，部分种类颜色鲜艳或拟态周围环境隐蔽。通常有 1 背鳍，且背鳍上具缺刻；胸鳍发达；背鳍、臀鳍和腹鳍硬棘基部有毒腺。肉食性，以甲壳类和鱼类为食。本书记录 4 属 7 种。

14. 鳞头鲉属 Genus *Sebastapistes*

【25】黄斑鳞头鲉 *Sebastapistes cyanostigma*

英文名： Yellowspotted scorpionfish

形态特征： 体中长，侧扁，椭圆形。体表有黄色和白色的斑点，头下部没有黑色条斑。口大，端位，斜裂。眼较大，上侧位，眼球高达头背缘。背鳍下有毒腺。

分布特征： 礁栖鱼类，主要栖息于珊瑚礁区；栖息水深范围为2～30 m，通常为2～15 m；分布于印度洋-西太平洋海域。

生态习性： 通常发现于枝状珊瑚基部；具伪装能力，不易被发现，伺机捕食过往的小鱼和甲壳类。

功能类群： 肉食性-一般肉食型。

濒危等级： 无危(LC)。

潜在危害： 有毒。

优势度： 稀有种。

遇见指数： ☆。

15. 拟鲉属 Genus *Scorpaenopsis*

【26】须拟鲉 *Scorpaenopsis cirrosa*

英文名： Weedy stingfish

形态特征： 体延长，略侧扁。体色褐色或褐红色，腹侧颜色较淡，体侧及各鳍散布黑色斑点。口中大，上段位，上下颌等长。大约1/4眼部突出于头部上方轮廓。前鼻孔后缘具1短小的羽状皮瓣。尾鳍圆形。

分布特征： 主要栖息于珊瑚礁浅水区、碎石或岩质底的平坦礁石上，也发现于外礁区中隐蔽的洞穴或凹坑中；栖息水深范围为3～91 m；分布于印度洋-太平洋海域。

生态习性： 具伪装能力，不易被发现，伺机捕食过往的小鱼和甲壳动物，背鳍下有毒腺。

功能类群： 肉食性-一般肉食型。

濒危等级： 未评估(NE)。

潜在危害： 有毒。

优势度： 稀有种。

遇见指数： ☆。

【27】毒拟鲉 *Scorpaenopsis diabolus*

英文名： False stonefish

形态特征： 体中长，略侧扁，前背部明显隆起。体色多变，不易辨识。胸部斑纹为主要特征：内侧红色，中央具1黄色或橙色带状斑纹，带状斑纹外具1列黑色斑点。背鳍下有毒腺。

分布特征： 礁栖鱼类；栖息水深范围为1～70 m；分布于印度洋-太平洋海域。

生态习性： 具伪装能力，不易被发现，伺机捕食过往的小鱼和甲壳动物。

功能类群： 肉食性-一般肉食型。

濒危等级： 无危(LC)。

潜在危害： 有毒。

优势度： 稀有种。

遇见指数： ☆。

16. 蓑鲉属 Genus *Pterois*

【28】触须蓑鲉 *Pterois antennata*

英文名： Broadbarred firefish

形态特征： 体淡红色至棕褐色，体表有多条深色条纹。眼上方的触须长，具黑色条纹。胸鳍和腹鳍通常为淡红色或红褐色，具有分散的褐色或蓝色斑点。背鳍鳍条下具毒腺，为有毒鱼类。

分布特征： 礁栖鱼类，主要栖息于珊瑚、碎石或岩石底质的礁石平台，或隐蔽的洞穴中；栖息水深范围为2～86 m；分布于印度洋-太平洋海域。

生态习性： 白天躲藏于礁石或珊瑚下的缝隙和洞穴中，夜晚出来摄食，以虾蟹为食。

功能类群： 肉食性-一般肉食型。

濒危等级： 无危(LC)。

潜在危害： 有毒。

优势度： 稀有种。

遇见指数： ☆☆。

【29】辐纹蓑鲉 *Pterois radiata*

英文名： Radial firefish

形态特征： 体红色至褐色，体表有5～6白色细长条纹，横纹接近鳍基部分叉呈“Y”形。尾柄处具2白色细长纵纹。背鳍鳍条下具毒腺。

分布特征： 礁栖鱼类，栖息于潟湖内或外礁中，喜欢多岩石的珊瑚礁区；栖息水深范围为1～30 m；分布于印度洋-太平洋海域。

生态习性： 白天躲藏于礁石或珊瑚下的缝隙和洞穴中，夜晚出来摄食，以虾蟹为食。

功能类群： 肉食性-一般肉食型。

濒危等级： 无危(LC)。

潜在危害： 有毒。

优势度： 稀有种。

遇见指数： ☆。

【30】翱翔蓑鲉 *Pterois volitans*

英文名： Red lionfish

形态特征： 体色多变，通常与所在栖息地有关。头侧具10～11横纹。眼下方具棕色辐射状条纹，通常在眼睛上方有大的触须。背鳍鳍条下具毒腺。

分布特征： 礁栖鱼类；栖息水深范围为2～55 m；分布于印度洋-太平洋海域。

生态习性： 白天躲藏于礁石或珊瑚下的缝隙和洞穴中，通常头朝下，几乎不移动；夜晚出来摄食，以小鱼、虾和蟹为食，利用其宽广的胸鳍将猎物围困在角落，令其眩晕后，一口吞下。

功能类群： 肉食性-一般肉食型。

濒危等级： 无危(LC)。

潜在危害： 有毒。

优势度： 稀有种。

遇见指数： ☆☆。

17. 短鳍蓑鲉属 Genus *Dendrochirus*

【31】花斑短鳍蓑鲉 *Dendrochirus zebra*

英文名： Zebra turkeyfish

形态特征： 体呈红色，体表有5深色条纹，与深色细条纹交替。吻部具有3短须。颊部上有深色斑点。胸鳍和腹鳍具有细小的深色斑点；背鳍中间鳍条高于体高。背鳍鳍条下具毒腺。

分布特征： 礁栖鱼类，发现于珊瑚、碎石或礁石底质上，也隐藏于洞穴中；栖息水深范围为3～80 m，通常为3～60 m；分布于印度洋-太平洋海域。

生态习性： 白天躲藏于礁石或珊瑚下的缝隙和洞穴中；夜晚出来摄食，以虾和蟹为食。

功能类群： 肉食性-一般肉食型。

濒危等级： 无危(LC)。

潜在危害： 有毒。

优势度： 稀有种。

遇见指数： ☆☆。

九、鲈形目 Order PERCIFORMES

（十一）鮨科 Family Serranidae

鳃盖上通常有 3 棘，中间为主棘。侧线完全且连续。背鳍单个连续；尾鳍通常圆形、截形或新月形，很少叉形。雌雄同体，存在性逆转。肉食性。本书记录 10 属 19 种。

18. 石斑鱼属 Genus *Epinephelus*

【32】黑边石斑鱼 *Epinephelus fasciatus*

英文名： Blacktip grouper

形态特征： 体色从浅绿灰色到浅红黄色或粉红色不等。体侧有5～6深浅不同的暗色横纹。头部顶部红棕色。背鳍顶端有一列黑色三角形斑，棘顶尖有时淡黄色或白色。

分布特征： 礁栖鱼类，在水深低于15 m的外礁坡区较为常见，也出现于封闭的海湾和水深4 m的潟湖内；栖息水深范围为4～160 m，通常为20～45 m；分布于印度洋-太平洋海域。

生态习性： 以蟹、虾和小鱼为食。

功能类群： 肉食性-一般肉食型。

濒危等级： 无危(LC)。

潜在危害： 有雪卡毒素中毒报道。

优势度： 稀有种。

遇见指数： ☆☆☆。

【33】六角石斑鱼 *Epinephelus hexagonatus*

英文名： Starspotted grouper

形态特征： 体表密布棕色六边形，且六边形各角有小而明显的三角形白点。沿背鳍基部到尾柄有4～6深色斑块。

分布特征： 礁栖鱼类，在暴露的外礁相对较浅区域较为常见；栖息水深范围为0～30 m，通常为6 m以下；广泛分布于印度洋-西太平洋海域。

生态习性： 善于伪装，一般单独出现；以鱼类和甲壳类为食。

功能类群： 肉食性-一般肉食型。

濒危等级： 无危(LC)。

潜在危害： 无害。

优势度： 稀有种。

遇见指数： ☆☆。

【34】蜂巢石斑鱼 *Epinephelus merra*

英文名： Honeycomb grouper

形态特征： 身体各部包括鳍均密布有圆形至六边形暗斑，暗斑之间缝隙连成网状。体侧有5暗斜纹，宽度为2～3暗斑。

分布特征： 礁栖鱼类，在潟湖和半封闭向海礁区浅水区非常常见；栖息水深范围为0～50 m；广泛分布于印度洋-太平洋海域。

生态习性： 以甲壳类和鱼类为食。

功能类群： 肉食性-一般肉食型。

濒危等级： 无危(LC)。

潜在危害： 无害。

优势度： 一般种。

遇见指数： ☆☆☆。

【35】吻斑石斑鱼
Epinephelus spilotoceps

英文名：Foursaddle grouper

形态特征：头部和身体覆盖有密集的深褐色、橄榄色或红棕色斑点，斑点空隙之间连接成网状。尾柄上部也有1深色斑点。背鳍后半部基部有3深色斑点。

分布特征：礁栖鱼类，出现于潟湖中点礁、沟壑上坡和礁缘位置；栖息水深范围为0～30 m；分布于印度洋-西太平洋海域。

生态习性：尚不明确。

功能类群：肉食性-一般肉食型。

濒危等级：无危(LC)。

潜在危害：无害。

优势度：少见种。

遇见指数：☆☆。

19. 鳃棘鲈属 Genus *Plectropomus*

【36】黑鞍鳃棘鲈 *Plectropomus laevis*

英文名：Blacksaddled coralgrouper

形态特征：体色有两种颜色模式，一种白色，另一种暗灰色。头部背侧及背部有5鞍状斑。体表散布多个小点。

分布特征：礁栖鱼类，生活于珊瑚丰富的潟湖和向海礁区；栖息水深范围为4～100 m；分布于印度洋-太平洋海域。

生态习性：一种贪婪的食肉鱼类，主要以鱼类为食，偶尔以甲壳类为食。

功能类群：肉食性-食鱼型。

濒危等级：无危(LC)。

潜在危害：有雪卡毒素中毒报道。

优势度：稀有种。

遇见指数：☆。

【37】鳃棘鲈 *Plectropomus leopardus*

英文名：Leopard coralgrouper

形态特征：体色为绿褐色或红色，体侧、头部及各鳍有许多蓝色的斑点。尾鳍后端边缘有1狭长的白色条纹，但未延伸至尾鳍的上下两端。

分布特征：礁栖鱼类，栖息于珊瑚丰富的潟湖和珊瑚礁中；栖息水深范围为3～100 m；分布于西太平洋海域。

生态习性：生性凶猛，贪食，成鱼以鱼类为食，幼鱼以小型鱼类和无脊椎动物为食，如甲壳类和鱿鱼。

功能类群：肉食性-食鱼型。

濒危等级：无危(LC)。

潜在危害：有雪卡毒素中毒报道。

优势度：稀有种。

遇见指数：☆。

20. 侧牙鲈属 Genus *Variola*

【38】侧牙鲈 *Variola louti*

英文名：Yellow-edged lyretail

形态特征：体色为深红色至灰褐色，体侧有淡蓝色至淡红色的不规则斑点或短线纹。头部的斑点通常小、圆，且分布密集。背鳍、臀鳍和胸鳍后方具宽的黄色边缘；尾鳍具有宽的月牙形边缘。幼鱼体背侧有1黑色纵带，尾柄上部具1黑斑，头背侧由吻端至背鳍基底起点具1白色至淡黄色的纵纹。

分布特征：礁栖鱼类，通常出现于15 m以下的清澈海域，相对于大陆沿岸，更喜欢栖息于岛屿和近海珊瑚礁海域；栖息水深范围为3～300 m；分布于印度洋-太平洋海域。

生态习性：主要以鱼、蟹、虾和口足类为食。

功能类群：肉食性-一般肉食型。

濒危等级：无危(LC)。

潜在危害：有雪卡毒素中毒报道。

优势度：稀有种。

遇见指数：☆。

21. 烟鲈属 Genus *Aethaloperca*

【39】烟鲈 *Aethaloperca rogaa*

英文名： Redmouth grouper

形态特征： 体高而侧扁，头背部陡直，颈部突然隆起。体色为深棕色至黑色，偶尔有橙色，腹部常有1淡色的垂直条带。尾鳍截形。

分布特征： 礁栖鱼类，出现于岸礁和潟湖中；栖息水深范围为3～60 m；分布于印度洋-西太平洋海域。

生态习性： 主要以小鱼、口足类及其他甲壳类为食。

功能类群： 肉食性-一般肉食型。

濒危等级： 无危(LC)。

潜在危害： 无害。

优势度： 稀有种。

遇见指数： ☆。

22. 九棘鲈属 Genus *Cephalopholis*

【40】斑点九棘鲈 *Cephalopholis argus*

英文名： Peacock hind

形态特征： 体色深棕色，头部、体侧及各鳍均散布有黑边的蓝色斑点；体后半部有5～6淡色条纹。有时胸鳍基部以下也有大块的淡色区域；背鳍硬棘顶端有橙色至金黄色三角形斑；背鳍、臀鳍的软鳍条部分和尾鳍边缘白色。

分布特征： 礁栖鱼类，各种珊瑚礁生境中均有所分布；栖息水深范围为1～40 m，通常为1～15 m；广泛分布于印度洋-太平洋海域。

生态习性： 主要以鱼类为食，偶食甲壳类。

功能类群： 肉食性-食鱼型。

濒危等级： 无危(LC)。

潜在危害： 有雪卡毒素中毒报道。

优势度： 一般种。

遇见指数： ☆☆☆☆。

【41】豹纹九棘鲈 *Cephalopholis leopardus*

英文名： Leopard hind

形态特征： 体表粉红色，并有许多斑驳；头部红棕色，并密集分布有许多红橙色或粉红色的斑点，一直延伸至胸鳍膜区。外形与尾纹九棘鲈（*Cephalopholis urodeta*）相似，但尾柄上方有一个独特的深色鞍状斑。尾鳍上下叶各具1深褐色条纹，边缘颜色淡。

分布特征： 礁栖鱼类，主要出现于潟湖、水道和外礁坡珊瑚丰富的区域；栖息水深范围为1～40 m，通常为3～20 m；分布于印度洋-太平洋海域。

生态习性： 单独出现，生性隐秘，藏于洞穴或珊瑚礁缝隙中；以小鱼和甲壳类为食。

功能类群： 肉食性-一般肉食型。

濒危等级： 无危(LC)。

潜在危害： 无害。

优势度： 稀有种。

遇见指数： ☆☆。

【42】六斑九棘鲈 *Cephalopholis sexmaculata*

英文名： Sixblotch hind

形态特征： 体呈橘红色；体侧有时有4灰色横带，有时则不明显，横带延伸至背鳍基部附近有4黑色斑块，尾柄上方也有2较小的黑色斑块。体侧、头部及奇鳍散布有蓝色小点，头部的蓝色斑点连成线状。

分布特征： 礁栖鱼类；栖息水深范围为6～150 m；分布于印度洋-太平洋海域。

生态习性： 通常单独或成小群出现，白天在深水区活动，夜晚游至浅水区活动；主要以鱼类为食。

功能类群： 肉食性-食鱼型。

濒危等级： 无危(LC)。

潜在危害： 无害。

优势度： 稀有种。

遇见指数： ☆。

【43】黑边九棘鲈 *Cephalopholis spiloparaea*

英文名： Strawberry hind

形态特征： 体色为粉红色至浅红橙色，体表斑驳为深红色至棕红色。各鳍为亮红色；尾鳍后缘蓝白色，后转为上下叶边缘呈蓝色。

分布特征： 礁栖鱼类，可能是水深40 m以下最为常见的石斑鱼种类；栖息水深范围为15～108 m，通常为30～108 m；分布于印度洋-太平洋海域。

生态习性： 以鱼类、蟹类和其他甲壳类为食。

功能类群： 肉食性-一般肉食型。

濒危等级： 无危(LC)。

潜在危害： 无害。

优势度： 稀有种。

遇见指数： ☆。

【44】尾纹九棘鲈 *Cephalopholis urodeta*

英文名： Darkfin hind

形态特征： 体呈深红色至红褐色，体后半部颜色暗。头部及体侧具有许多小的橘红色斑点或斑驳。特征为尾鳍上有一对呈对角线的白色斜纹，斜纹外围红色，边缘白色。

分布特征： 礁栖鱼类，栖息于外礁区清澈、浅水区域，在浅水区域更喜欢健康的珊瑚礁区域，因此受珊瑚礁退化的影响很大；栖息水深范围为1～60 m，通常为3～15 m；分布于印度洋-太平洋海域。

生态习性： 单独出现；以小鱼和甲壳类为食。

功能类群： 肉食性-一般肉食型。

濒危等级： 无危(LC)。

潜在危害： 无害。

优势度： 优势种。

遇见指数： ☆☆☆☆☆。

23. 光腭鲈属 Genus *Anyperodon*

【45】白线光腭鲈 *Anyperodon leucogrammicu*

英文名： Slender grouper

形态特征： 幼鱼体呈金黄色，体表具多条淡蓝色纵带；背鳍软鳍条基部和尾鳍基部具有蓝边的黑斑。成鱼体呈绿色或灰褐色；体侧、头部、背鳍和尾鳍基部分布有橘黄色斑点；有3～4白色纵带贯穿头部和体侧，至体后部则不明显。

分布特征： 礁栖鱼类，主要栖息于珊瑚丰富、水质清澈的潟湖或向海礁区；栖息水深范围为5～80 m，通常为5～50 m；分布于印度洋-太平洋海域。

生态习性： 主要以鱼类为食，偶食甲壳类，幼鱼通过其特殊体色模仿紫色海猪鱼（*Halichoeres purpurescens*）来靠近猎物进行捕食。

功能类群： 肉食性-食鱼型。

濒危等级： 无危(LC)。

潜在危害： 无害。

优势度： 稀有种。

遇见指数： ☆。

24. 驼背鲈属 Genus *Cromileptes*

【46】驼背鲈 *Cromileptes altivelis*

英文名： Humpback grouper

形态特征： 头前部尺寸较小，眼后的头背部突然升高，呈“驼背状”；体色为绿白色至浅绿棕色。头部、身体和各鳍散布许多圆形斑点，同时体侧有时有多块大的暗斑。

分布特征： 礁栖鱼类，通常栖息于潟湖和向海礁区，通常发现于以上区域的隐蔽处或有粉砂底的区域；栖息水深范围为2～40 m，通常为5～25 m；分布于西太平洋海域。

生态习性： 生长速度缓慢；以小鱼和甲壳类为食。

功能类群： 肉食性-一般肉食型。

濒危等级： 数据缺乏(DD)。

潜在危害： 无害。

优势度： 稀有种。

遇见指数： ☆。

25. 须鮨属 Genus *Pogonoperca*

【47】斑须鮨 *Pogonoperca punctata*

英文名： Spotted soapfish

形态特征： 体黄褐色，体表有许多白色斑点；背部有5黑色鞍状斑块。

分布特征： 礁栖鱼类，零星分布，倾向栖息于具有中等水流速度斜坡上；栖息水深范围为1～216 m，通常为10～150 m；分布于印度洋-太平洋海域。

生态习性： 生性隐秘；以鱼类为食。

功能类群： 肉食性-食鱼型。

濒危等级： 无危(LC)。

潜在危害： 无害。

优势度： 稀有种。

遇见指数： ☆。

26. 拟花鮨属 Genus *Pseudanthias*

【48】刺盖拟花鮨 *Pseudanthias dispar*

英文名： Peach fairy basslet

形态特征： 雄鱼背鳍呈鲜红色，腹鳍延长，头部有大片蓝紫色区域。雌鱼体呈橙色，尾淡黄色，从吻部向下有1蓝紫色边的黄色斜带从眼部穿过达胸鳍基部。

分布特征： 礁栖鱼类，发现于陡峭的外礁斜坡边缘上方；栖息水深范围为1～18 m，通常为1～15 m；分布于太平洋海域。

生态习性： 成群出现，浮游食性。

功能类群： 杂食性-日行浮游食型。

濒危等级： 无危(LC)。

潜在危害： 无害

优势度： 少见种。

遇见指数： ☆☆☆。

【49】紫红拟花鮨 *Pseudanthias pascalus*

英文名： Amethyst anthias

形态特征： 体紫红色，头部至腹侧淡黄色。雄鱼软鳍条略微延长，尾鳍上下叶也略微延长。

分布特征： 礁栖鱼类，相对于靠近大陆的礁区，远洋礁区更为常见，出现于外礁坡区域；栖息水深范围为5～60 m；分布于太平洋海域。

生态习性： 成群出现；以桡足类、其他浮游甲壳类或其幼体和鱼卵为食。

功能类群： 杂食性-日行浮游食型。

濒危等级： 无危(LC)。

潜在危害： 无害。

优势度： 一般种。

遇见指数： ☆☆☆。

27. 纤齿鲈属 Genus *Gracila*

【50】白边纤齿鲈 *Gracila albomarginata*

英文名： Masked grouper

形态特征： 体呈绿色或红棕色至棕灰色，身体中部有几条狭长的、稍微弯曲的深色横纹。体侧有白色正方形斑块，自然光下呈蓝色。尾柄中间有1深褐色斑点。头部有3～5蓝色线纹。

分布特征： 礁栖鱼类，通常出现于靠近深水的外礁斜坡和水道上，盘旋在底部上方；栖息水深范围为6～120 m，通常为15～120 m；分布于印度洋-太平洋海域。

生态习性： 游泳能力强，一般单独出现，偶成群；以鱼类为食。

功能类群： 肉食性-食鱼型。

濒危等级： 无危(LC)。

潜在危害： 无害。

优势度： 稀有种。

遇见指数： ☆☆。

（十二）大眼鲷科 Family Priacanthidae

体呈卵圆形或长椭圆形，侧扁而高。体色多为红色。眼特大，约为头长的 1/2。吻短，下颌突出。口大，斜裂。前鳃盖骨边缘具锯齿并有 1 后向的硬棘。体被小栉鳞。背鳍硬棘部和软鳍条部相连，无缺刻；腹鳍大型；尾鳍圆形、截形或叉形。本书记录 1 属 1 种。

28. 异大眼鲷属 Genus *Heteropriacanthus*

【51】灰鳍异大眼鲷 *Heteropriacanthus cruentatus*

英文名：Glasseye

形态特征：体呈鲜红色或淡粉红色，体表散布有斑驳的大块红色斑块或条带。背鳍软鳍条；臀鳍和尾鳍上分布有黑褐色小斑点；腹鳍无斑点。

分布特征：礁栖鱼类，主要栖息于岛屿周围、潟湖和向海礁区；栖息水深范围为3～300 m，通常为3～35 m；广泛分布于全球热带及亚热带海域。

生态习性：夜行性；主要以头足类、虾、蟹、口足类、多毛类和小鱼为食。

功能类群：肉食性-一般肉食型。

濒危等级：无危(LC)。

潜在危害：有雪卡毒素中毒报道。

优势度：稀有种。

遇见指数：☆。

（十三）天竺鲷科 Family Apogonidae

体长，长椭圆形。头大。眼大。口大，斜裂。背鳍2；尾鳍圆形、截形或叉形。多数种类为夜间活动，以浮游动物和小型底栖无脊椎动物为食。本书记录7属9种。

29. 长鳍天竺鲷属 Genus *Taeniamia*

【52】黑带长鳍天竺鲷 *Taeniamia zosterophora*

英文名： Blackbelted cardinalfish

形态特征： 通常第二背鳍下方有1黑色的横带，但宽度随位置变化较大，有时很窄，甚至消失。主要特征是鳃盖上有2垂直的橙色条纹。

分布特征： 礁栖鱼类，多成群聚集于枝状珊瑚的上方；栖息水深范围为1～40 m，通常为2～15 m；分布于西太平洋海域。

生态习性： 夜行性。

功能类群： 杂食性-夜行浮游食型。

濒危等级： 未评估(NE)。

潜在危害： 无害。

优势度： 稀有种。

遇见指数： ☆。

30. 巨牙天竺鲷属 Genus *Cheilodipterus*

【53】巨牙天竺鲷 *Cheilodipterus macrodon*

英文名： Large toothed cardinalfish

形态特征： 体呈浅灰色，体侧有8红色纵纹。尾鳍基部泛白。幼鱼体侧仅有4明显的纵带，尾柄上有1黑色大斑点，随生长而逐渐弥散消失。

分布特征： 礁栖鱼类，常见于水深4～30 m的外礁坡，栖息于水质清澈的潟湖和向海礁区的洞穴和礁缘；栖息水深范围为0～40 m，通常不低于30 m；分布于印度洋-太平洋海域。

生态习性： 成鱼通常成对或小群出现，幼鱼单独或小群出现；主要以小鱼为食。

功能类群： 肉食性-一般肉食型。

濒危等级： 未评估(NE)。

潜在危害： 无害。

优势度： 稀有种。

遇见指数： ☆。

【54】五带巨牙天竺鲷 *Cheilodipterus quinquelineatus*

英文名： Five-lined cardinalfish

形态特征： 体呈浅灰色至白色，体侧有5黑色窄纵纹。尾鳍基部黄色，中心位置有1黑色斑点。

分布特征： 礁栖鱼类，栖息深度至少为水深40 m的礁滩、潟湖和向海礁区；栖息水深范围为0～40 m；分布于印度洋-太平洋海域。

生态习性： 单独或成群出现；以小型甲壳类和腹足类为食，也以小鱼为食。

功能类群： 肉食性-一般肉食型。

濒危等级： 未评估(NE)。

潜在危害： 无害。

优势度： 稀有种。

遇见指数： ☆。

31. 箭竺鲷属 Genus *Rhabdamia*

【55】细箭竺鲷 *Rhabdamia gracilis*

英文名： Luminous cardinalfish

形态特征： 体中部有1蓝色纵纹。头部和腹部呈半透明的白色、粉红色或银色。有时尾柄中央有1黑点。尾鳍上下叶末端有黑点。

分布特征： 礁栖鱼类，栖息于潟湖和岸礁上的珊瑚和岩石之间；栖息水深范围为3～91 m；分布于印度洋-西太平洋海域。

生态习性： 一般成群出现；以浮游动物为食。

功能类群： 杂食性-夜行浮游食型。

濒危等级： 未评估(NE)。

潜在危害： 无害。

优势度： 稀有种。

遇见指数： ☆。

32. 燕尾箭竺鲷属 Genus *Verulux*

【56】燕尾箭竺鲷 *Verulux cypselurus*

英文名：Swallowtail cardinalfish

形态特征：体色透明。吻端至眼前部有1暗纹，眼后至鳃盖有1列小黑点。尾鳍上下缘黑色。

分布特征：礁栖鱼类，主要栖息于岩滩和潟湖内片状珊瑚的上方；栖息水深范围为2～15 m；分布于印度洋海域。

生态习性：一般成群出现；以浮游动物为食。

功能类群：杂食性-夜行浮游食型。

濒危等级：未评估(NE)。

潜在危害：无害。

优势度：稀有种。

遇见指数：☆。

33. 圣竺鲷属 Genus *Nectamia*

【57】颊纹圣竺鲷 *Nectamia bandanensis*

英文名：Bigeye cardinalfish
形态特征：体色为铜色或银色。眼下方有1楔形暗斑。尾柄上有鞍状或条状斑纹。腹鳍前缘具明显的淡蓝色。
分布特征：礁栖鱼类，通常出现于外礁坡；栖息水深范围为1～34 m，通常为1～12 m；分布于印度洋-太平洋海域。
生态习性：单独或成小群出现；夜行性；以多毛类及其他小型底栖无脊椎动物为食。
功能类群：杂食性-夜行浮游食型。
濒危等级：未评估(NE)。
潜在危害：无害。
优势度：稀有种。
遇见指数：☆。

34. 鹦天竺鲷属 Genus *Ostorhinchus*

【58】金带鹦天竺鲷 *Ostorhinchus cyanosoma*

英文名：Yellowstriped cardinalfish
形态特征：体蓝银色，体侧有6橙黄色纵纹，中央的纵纹在尾柄末端形成橘色圆点。
分布特征：礁栖鱼类，栖息于清澈的潟湖和向海礁区中隐蔽区域；栖息水深范围为1～50 m，通常为1～15 m；分布于印度洋-太平洋海域。
生态习性：一般成群出现；夜行性；以浮游甲壳类和小型无脊椎动物为食。
功能类群：杂食性-夜行浮游食型。
濒危等级：未评估(NE)。
潜在危害：无害。
优势度：稀有种。
遇见指数：☆。

【59】黄带鹦天竺鲷 *Ostorhinchus properuptus*

英文名： Southern orange-lined cardinal fish

形态特征： 体侧有多条纵带，延伸至尾柄末端，且宽度较宽。

分布特征： 礁栖鱼类，出现于水质清澈的海岸和外礁坡；栖息水深范围为1～30 m，通常为1～14 m；分布于印度洋-太平洋海域。

生态习性： 群居性；以多毛类及其他底栖无脊椎动物为食。

功能类群： 杂食性-夜行浮游食型。

濒危等级： 未评估(NE)。

潜在危害： 无害。

优势度： 稀有种。

遇见指数： ☆。

35. 锯天竺鲷属 Genus *Pristiapogon*

【60】单线锯天竺鲷 *Pristiapogon exostigma*

英文名： Narrowstripe cardinalfish

形态特征： 体色粉红色至浅灰色，体侧有1黑色纵条带，从吻端穿过眼部，达尾鳍基部。第一背鳍的前3硬棘末端黑色；尾鳍基部有1黑点，略高于体侧的纵条带。

分布特征： 礁栖鱼类；栖息水深范围为3～40 m，通常为3～20 m；分布于印度洋-太平洋海域。

生态习性： 夜行性；以鱼类和无脊椎动物为食。

功能类群： 杂食性-夜行浮游食型。

濒危等级： 未评估(NE)。

潜在危害： 无害。

优势度： 稀有种。

遇见指数： ☆。

（十四）鲹科 Family Carangidae

体侧扁，形状多样。尾柄细长，两侧具棱脊。一般体被细小圆鳞；侧线完全，前部弯曲。背鳍 2，稍有分离，第二背鳍基底长，有时延长呈丝状；胸鳍宽短或延长呈镰刀状；腹鳍胸位；尾鳍叉形。大部分种类为中表层洄游性鱼类；肉食性或浮游食性。本书记录 5 属 8 种。

36. 鲹属 Genus *Caranx*

【61】珍鲹 *Caranx ignobilis*

英文名： Giant trevally

形态特征： 头背部弯曲明显，头腹部几乎呈直线；体背蓝绿色，腹部银白色。各鳍淡色至淡黄色。体侧和鳃盖处无明显斑纹。

分布特征： 礁栖鱼类，可生活于淡水、咸淡水和咸水中，幼鱼出现于近海浅水的沙底区域；栖息水深范围为 10～188 m；分布于印度洋-太平洋海域。

生态习性： 远洋性；主要在夜晚进食，以甲壳类和鱼类为食。

功能类群： 肉食性-一般肉食型。

濒危等级： 无危(LC)。

潜在危害： 有雪卡毒素中毒报道。

优势度： 少见种。

遇见指数： ☆☆。

【62】黑尻鲹 *Caranx melampygus*

英文名：Bluefin trevally

形态特征：幼鱼体银灰色；胸鳍淡黄色，其余各鳍淡色或暗灰色。成鱼体背部蓝灰色，腹部银白色，头部和体侧上半部有蓝黑色小点。

分布特征：礁栖鱼类，可生活于淡水、咸淡水和咸水中，幼鱼出现于近海浅水的沙底区域；栖息水深范围为0～190 m；分布于印度洋-太平洋海域。

生态习性：单独活动；好奇心强，常靠近潜水员；主要以鱼类和甲壳类为食。

功能类群：肉食性-一般肉食型。

濒危等级：无危(LC)。

潜在危害：有雪卡毒素中毒报道。

优势度：一般种。

遇见指数：☆☆☆。

【63】六带鲹 *Caranx sexfasciatus*

英文名： Bigeye trevally

形态特征： 幼鱼体侧有5～6，黑色横带。成鱼体侧为橄榄绿，腹部银白色；鳃盖后缘上方有1黑色小点；第二背鳍墨绿色至黑色，前端鳍条末端边缘白色。

分布特征： 礁栖鱼类，可生活于淡水、咸淡水和咸水中，栖息于有珊瑚礁区的沿海或远洋海域；栖息水深范围为0～146 m；分布于印度洋-太平洋海域。

生态习性： 白天可见大群在珊瑚礁区或外缘游弋，夜晚分散开单独捕食；主要以鱼类、鱿鱼和甲壳类为食。

功能类群： 肉食性-一般肉食型。

濒危等级： 无危(LC)。

潜在危害： 无害。

优势度： 稀有种。

遇见指数： ☆☆。

37. 若鲹属 Genus *Carangoides*

【64】平线若鲹 *Carangoides ferdau*

英文名：Blue trevally

形态特征：体背部蓝绿色，腹部银白色；体侧有多条明显的暗横带，体背部有多个不太明显的黄色小点。各鳍黄色，臀鳍边缘白色，尾鳍边缘黑色。

分布特征：礁栖鱼类，出现沙滩附近的浅水区域，通常靠近珊瑚礁；栖息水深范围为1～60 m；分布于印度洋-太平洋海域。

生态习性：单独或成小群出现；肉食性，以软体动物、底栖甲壳类为食，偶食小型鱼类。

功能类群：肉食性-食大型无脊椎动物型。

濒危等级：无危(LC)。

潜在危害：有雪卡毒素中毒报道。

优势度：稀有种。

遇见指数：☆☆。

【65】直线若鲹 *Carangoides orthogrammus*

英文名：Island trevally

形态特征：体背部蓝绿色，腹部银白。鳃盖后缘上部有1不太明显的黑色小斑点。侧线上下方有少量明显的黄色斑点，且多数位于侧线下方。各鳍蓝色。

分布特征：礁栖鱼类，通常栖息于大洋岛屿附近海域，成群活动于沙地河流、潟湖中沙底水道和向海礁区；栖息水深范围为3～168 m；分布于印度洋-太平洋海域。

生态习性：单独、成对或成小群活动；以沙地中的小型甲壳类为食。

功能类群：肉食性-食大型无脊椎动物型。

濒危等级：无危(LC)。

潜在危害：无害。

优势度：稀有种。

遇见指数：☆。

38. 圆鲹属 Genus *Decapterus*

【66】细鳞圆鲹 *Decapterus macarellus*

英文名： Mackerel scad

形态特征： 体细长，圆形，稍扁。体色蓝绿色，腹部银白色。口小；上颚后端截形、前倾，上颚无齿；下颚不延伸至眼部以下。尾鳍黄绿色；背鳍上部有时深色，并有1小的黑色眼斑。

分布特征： 大洋性鱼类，成鱼喜欢水质清澈的海域，经常在岛屿周围出没；栖息水深范围为0～400 m，通常为40～200 m；广泛分布于全球暖水海域。

生态习性： 主要以浮游动物为食。

功能类群： 杂食性-日行浮游食型。

濒危等级： 无危(LC)。

潜在危害： 有雪卡毒素中毒报道。

优势度： 稀有种。

遇见指数： ☆☆。

39. 似鲹属 Genus *Scomberoides*

【67】长颌似鲹 *Scomberoides lysan*

英文名：Doublespotted queenfish

形态特征：体延长，侧扁。体背蓝黑色，腹部银白色；体侧沿侧线上下各有一列6～8铅灰色圆斑，幼鱼则无圆斑。头侧眼部上边有1黑色短纵带。

分布特征：礁栖鱼类，仅在水质清澈海域中发现，成鱼栖息于潟湖和向海礁区；栖息水深范围为0～100 m；分布于印度洋-太平洋海域。

生态习性：单独或小群出现；成鱼以小鱼和甲壳类为食，幼鱼则从其他鱼类身上撕下鳞片和表皮组织为食。

功能类群：肉食性-一般肉食型。

濒危等级：无危(LC)。

潜在危害：其他。

优势度：稀有种。

遇见指数：☆☆。

40. 纺锤鰤属 Genus *Elagatis*

【68】纺锤鰤 *Elagatis bipinnulata*

英文名：Rainbow runner

形态特征：体呈纺锤形，稍侧扁。体背部蓝绿色，腹部银白色。体侧有2蓝色纵带从吻端延伸至尾部基部，2纵带之间还有1黄色纵带。各鳍黄绿色，尾鳍边缘黑色。

分布特征：大洋性鱼类，成鱼生活于外海或近岸海域；栖息水深范围为0～150 m，通常为2～10 m；分布于太平洋海域。

生态习性：有时成群活动；以大型的浮游性无脊椎动物和小鱼为食。

功能类群：肉食性-一般肉食型。

濒危等级：无危(LC)。

潜在危害：有雪卡毒素中毒报道。

优势度：稀有种。

遇见指数：☆。

（十五）鲯鳅科 Family Coryphaenidae

体延长而侧扁。额部随生长而逐渐突出。口大，端位。眼小。吻钝。体被细小、不易脱落的圆鳞；侧线完全，在胸鳍上方呈不规则弯曲，而后直走至尾鳍基部。背鳍单一，起始于头部、延伸至尾柄前方，无硬棘；臀鳍基底较短，也无硬棘；胸鳍短小；尾鳍深叉形。本书记录1属1种。

41. 鲯鳅属 Genus *Coryphaena*

【69】鲯鳅 *Coryphaena hippurus*

英文名： Common dolphinfish

形态特征： 体延长而侧扁。体呈泛蓝的银色，腹部银白色至浅灰色，并带有淡黄色光泽。头部高大而呈方形。背鳍单一，基底长，从眼部上方延伸至尾柄前部；胸鳍、腹鳍边缘青色；尾鳍深叉形，银灰色而略带黄色光泽。

分布特征： 远洋性鱼类，主要分布于开阔海域，有时也会靠近海岸；栖息水深范围为0～85 m，通常为5～10 m；分布于大西洋、印度洋和太平洋海域。

生态习性： 成群活动，喜躲藏于水面表层的阴影下，如漂浮的竹排或木板下；以各种鱼类和浮游动物为食。

功能类群： 肉食性-食鱼型。

濒危等级： 无危(LC)。

潜在危害： 有雪卡毒素中毒报道。

优势度： 稀有种。

遇见指数： ☆。

（十六）笛鲷科 Family Lutjanidae

体延长，呈纺锤形或椭圆形，略侧扁。口中大或大，端位，前颌骨稍能伸缩。主鳃盖骨一般无棘。体被中小型圆鳞或栉鳞，颊部和鳃盖骨也有鳞片覆盖；侧线单一、完全。背鳍连续，硬棘与软鳍条间具 1 缺刻；胸鳍尖长；腹鳍胸位；尾鳍截形、凹形或深叉形。种类繁多，多为中上层或底层鱼类；食性复杂；多为夜行性。本书记录 6 属 10 种。

42. 叉尾鲷属 Genus *Aphareus*

【70】叉尾鲷 *Aphareus furca*

英文名： Small toothed jobfish

形态特征： 体呈纺锤形。体背蓝灰色，体侧浅蓝紫色并带有黄色光泽，鳃盖边缘黑色。背鳍、腹鳍和臀鳍鲜黄色至黄褐色；胸鳍淡黄色；尾鳍暗褐色，边缘黄色。

分布特征： 礁栖鱼类，成鱼生活于近海的珊瑚礁和岩礁及水质清澈的潟湖中；栖息水深范围为1～122 m；分布于印度洋-太平洋海域。

生态习性： 单独或成群出现；生性好奇，易与人接近；主要以鱼类为食，也吃甲壳类。

功能类群： 肉食性-一般肉食型。

濒危等级： 无危(LC)。

潜在危害： 有雪卡毒素中毒报道。

优势度： 常见种。

遇见指数： ☆☆☆☆。

43. 短鳍笛鲷属 Genus *Aprion*

【71】绿短鳍笛鲷 *Aprion virescens*

英文名：Green jobfish

形态特征：体呈长纺锤形。体色为深蓝色；体侧无明显标识。两眼间隔平扁，眼前有1深槽。下颌突出于上颌。侧线完全且平直。背鳍的第Ⅴ～第Ⅸ硬棘鳍膜近基部有1黑色斑点；胸鳍短；尾鳍深叉。

分布特征：礁栖鱼类，成鱼栖息于深潟湖、水道或向海礁区的开放海域；栖息水深范围为0～180 m；分布于印度洋-太平洋海域。

生态习性：通常单独出现，也会成群活动；主要以鱼类为食，也以虾、蟹、头足类和浮游生物为食。

功能类群：肉食性-食鱼型。

濒危等级：无危(LC)。

潜在危害：有雪卡毒素中毒报道。

优势度：稀有种。

遇见指数：☆☆。

44. 笛鲷属 Genus *Lutjanus*

【72】白斑笛鲷 *Lutjanus bohar*

英文名： Two-spot red snapper

形态特征： 体呈红褐色，背部颜色较深且沿背部有2白色斑点。吻端稍尖。头背部轮廓呈弧形弯曲。眼间距较宽，其宽度通常大于眼径。从鼻孔至眼前部有1深沟。奇鳍和腹鳍外缘颜色较深。

分布特征： 礁栖鱼类，能生活于海洋、淡水和咸淡水水域，成鱼栖息于珊瑚礁区，包括潟湖和外礁坡的隐蔽处；栖息水深范围为4～180 m，通常为10～70 m；分布于印度洋-太平洋海域。

生态习性： 通常单独出现；主要以鱼类为食，也吃虾、蟹、端足类、口足类、腹足类和尾索动物。

功能类群： 肉食性-食鱼型。

濒危等级： 无危(LC)。

潜在危害： 有雪卡毒素中毒报道。

优势度： 稀有种。

遇见指数： ☆☆。

【73】焦黄笛鲷 *Lutjanus fulvus*

英文名： Blacktail snapper

形态特征： 体呈棕褐色或棕黄色至淡黄色和白色，体侧有时具有几条黄色纵线。鳞片有褐色至黄色的边缘。头部轮廓弧状弯曲明显，眼间距和眼径相当。尾鳍和背鳍呈黑色，具白色窄边；臀鳍和胸鳍黄色。

分布特征： 礁栖鱼类，能生活于咸水、淡水和咸淡水水域，成鱼栖息于潟湖和半封闭的向海礁区，倾向于有深坑或大礁石的隐蔽处；栖息水深范围为1～75 m；广泛分布于印度洋-太平洋海域。

生态习性： 通常单独或小群出现；夜行性；以鱼、虾、蟹、海参和头足类为食。

功能类群： 肉食性-一般肉食型。

濒危等级： 无危(LC)。

潜在危害： 有雪卡毒素中毒报道。

优势度： 稀有种。

遇见指数： ☆。

【74】隆背笛鲷 *Lutjanus gibbus*

英文名： Humpback red snapper

形态特征： 成鱼体呈鲜红色，和其他笛鲷不同，该种头上方背部隆起明显，呈陡直状。幼鱼体呈浅灰色，上有多条细带；背鳍软鳍条基部斜向尾柄下缘有明显的黑色斑块，尾鳍末缘为黄色。

分布特征： 礁栖鱼类，成鱼主要栖息于珊瑚礁区，幼鱼主要出现于海草床上，也出现于珊瑚和沙混合底质的浅水礁区；栖息水深范围为1～150 m；分布于印度洋-太平洋海域。

生态习性： 白天活动较少，常一大群聚集在礁区巡游；主要以鱼类和无脊椎动物为食，如虾、蟹、口足类、头足类和棘皮动物等。

功能类群： 肉食性-一般肉食型。

濒危等级： 无危(LC)。

潜在危害： 有雪卡毒素中毒报道。

优势度： 稀有种。

遇见指数： ☆。

【75】四带笛鲷 *Lutjanus kasmira*

英文名： Common bluestripe snapper

形态特征： 体呈椭圆形。体鲜黄色，腹部微红；体侧具4蓝色纵带。鳃盖边缘黑色。各鳍黄色，背鳍与尾鳍边缘为黑色。

分布特征： 礁栖鱼类，成鱼生活于近海的珊瑚礁和岩礁及水质清澈的潟湖中；栖息水深范围为3～265 m，通常为30～150 m；分布于印度洋-太平洋海域。

生态习性： 单独或成群出现；生性好奇，易与人接近；主要以鱼类、虾、蟹、甲壳类为食，也吃多种藻类。

功能类群： 肉食性-一般肉食型。

濒危等级： 无危(LC)。

潜在危害： 无害。

优势度： 常见种。

遇见指数： ☆☆☆☆。

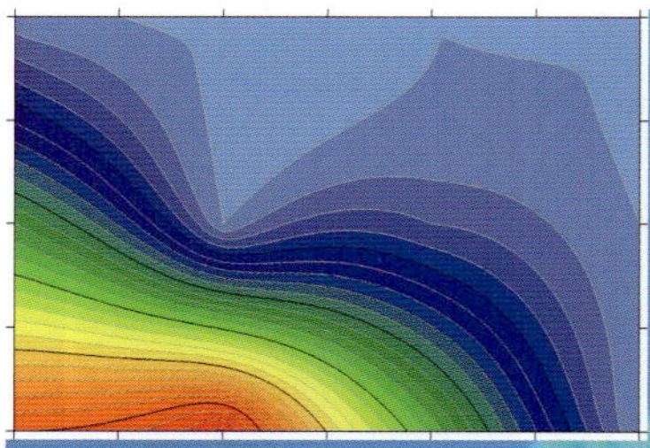

【76】星点笛鲷 *Lutjanus stellatus*

英文名： Star snapper

形态特征： 体色一般为棕色，略带紫色，腹部为黄棕色或浅橙色，1纵向的蓝色条纹从吻部一直延伸至鳃盖。背鳍第一软鳍与侧线之间有1白点。

分布特征： 礁栖鱼类，出现于珊瑚礁区和岩礁附近；分布于太平洋西北部。

生态习性： 通常单独或小群出现；以鱼类和甲壳类为食。

功能类群： 肉食性-一般肉食型。

濒危等级： 未评估(NE)。

潜在危害： 无害。

优势度： 稀有种。

遇见指数： ☆。

45. 羽鳃笛鲷属 Genus *Macolor*

【77】斑点羽鳃笛鲷 *Macolor macularis*

英文名： Midnight snapper

形态特征： 口大，上颌延伸至眼前半部以下，在鳃盖下部边缘有缺刻。幼鱼体侧上半部黑色有白斑，下半部白色有1黑色条带，同时也有1黑色横带从眼部穿过；腹鳍窄长，随生长变宽变短。成鱼眼睛为黄色。

分布特征： 礁栖鱼类，成鱼栖息于潟湖、沟壑或向海礁坡的陡峭处，幼鱼通常出现于有海百合、鹿角珊瑚或大型海绵提供保护的半封闭礁坡；栖息水深范围为3～90 m；分布于西太平洋海域。

生态习性： 通常小群出现；主要在夜间以大型浮游动物为食。

功能类群： 杂食性-夜行浮游食型。

濒危等级： 无危(LC)。

潜在危害： 无害。

优势度： 稀有种。

遇见指数： ☆☆。

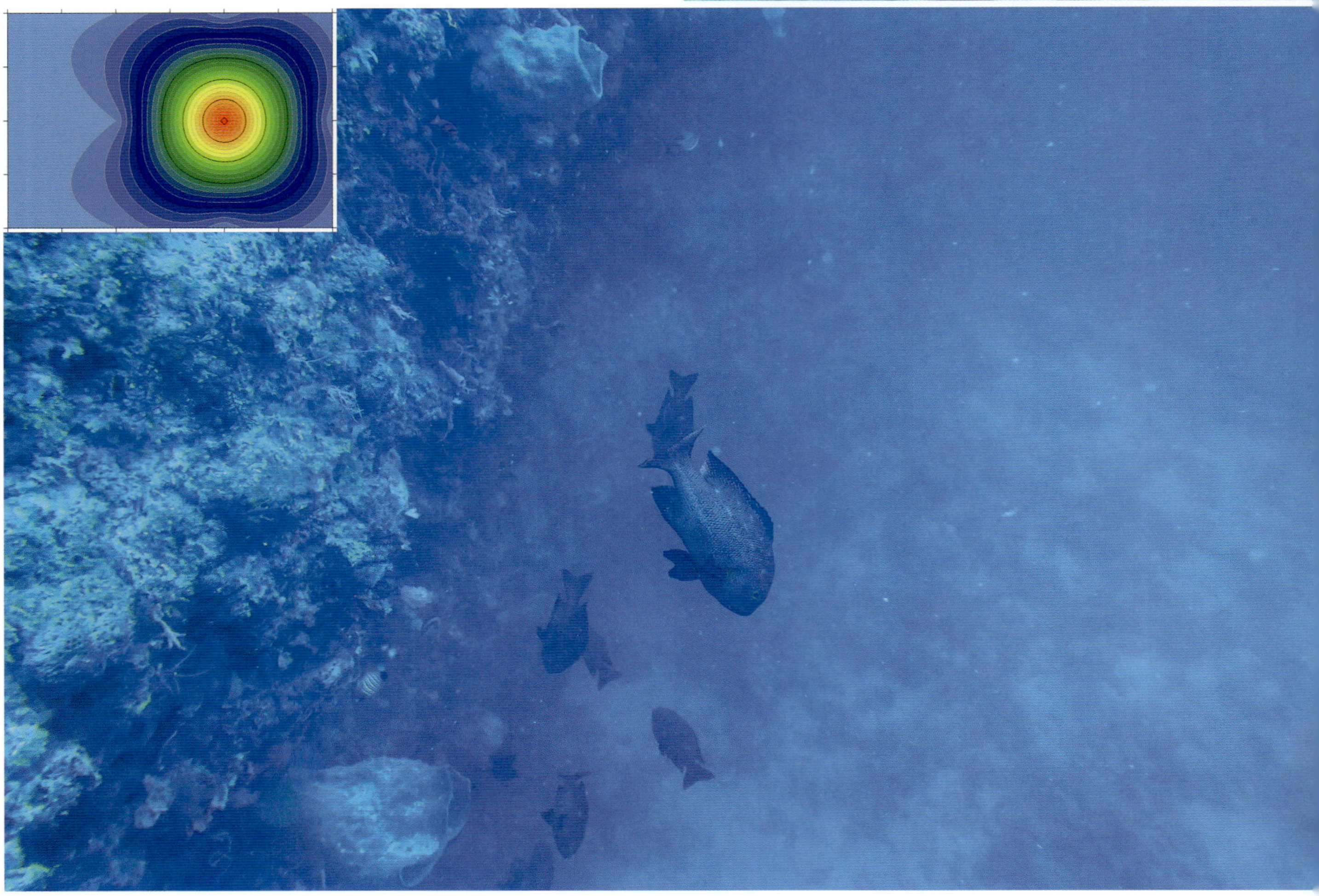

46. 若梅鲷属 Genus *Paracaesio*

【78】冲绳若梅鲷 *Paracaesio sordida*

英文名： Dirty ordure snapper

形态特征： 体呈长椭圆形。体色为暗紫褐色，腹部颜色较淡。背鳍、臀鳍和胸鳍紫褐色；腹鳍淡褐色；尾鳍深叉形，紫褐色，后缘淡红色。

分布特征： 礁栖鱼类；栖息水深范围为5～200 m；分布于印度洋-太平洋海域。

生态习性： 成鱼一般白天成群在碎石底区域活动，夜晚则栖息于礁洞中；以浮游生物为食。

功能类群： 杂食性-日行浮游食型。

濒危等级： 无危(LC)。

潜在危害： 无害。

优势度： 稀有种。

遇见指数： ☆。

47. 帆鳍笛鲷属 Genus *Symphorichthys*

【79】帆鳍笛鲷 *Symphorichthys spilurus*

英文名： Sailfin snapper

形态特征： 身体基底为黄色，体侧从头部至尾部有许多纵向的蓝色条纹，眼部和鳃盖后部各有1暗色横条纹。尾柄上半部有1黑色斑点。

分布特征： 礁栖鱼类，成鱼多出现于珊瑚礁附近的沙底区域；栖息水深范围为5～60 m；分布于西太平洋海域。

生态习性： 通常单独出现；以鱼类和沙中的甲壳类和软体动物为食。

功能类群： 肉食性-一般肉食型。

濒危等级： 无危(LC)。

潜在危害： 无害。

优势度： 稀有种。

遇见指数： ☆。

（十七）梅鲷科 Family Caesionidae

体长，呈圆形至纺锤形。口小而突出。体被中小型栉鳞；侧线完全，近平直。鳃盖有 1 小钝棘，前鳃盖无锯齿。背鳍 1，硬棘细弱，软鳍条基底长；尾鳍明显分叉。为喜群居性洄游鱼类，成鱼多活动于珊瑚礁或岩礁的中层区域，游动迅速且持久，为日行性。本书记录 2 属 3 种。

48. 梅鲷属 Genus *Caesio*

【80】新月梅鲷 *Caesio lunaris*

英文名：Lunar fusilier

形态特征：体呈长纺锤形。体呈蓝色，腹部颜色略淡。臀鳍、胸鳍和腹鳍呈淡红色；尾鳍蓝色，末端黑色。

分布特征：礁栖鱼类，多发现于沿海海域，主要在珊瑚礁或附近区域，相对于潟湖，陡峭的礁坡位置更为常见；栖息水深范围为0～50 m；分布于印度洋-西太平洋海域。

生态习性：通常在礁坡上方的中层区域聚集成群；以浮游动物为食。

功能类群：杂食性-日行浮游食型。

濒危等级：无危(LC)。

潜在危害：无害。

优势度：少见种。

遇见指数：☆☆。

【81】蓝黄梅鲷 *Caesio teres*

英文名： Yellow and blueback fusilier

形态特征： 体呈纺锤形。体呈蓝色，腹部颜色略淡或呈淡红色，体背除头背部外呈黄色。背鳍黄色；臀鳍、胸鳍和腹鳍淡色或淡红色；尾鳍黄色，上下叶末端无黑斑。

分布特征： 礁栖鱼类，主要见于陡峭的珊瑚礁外礁坡周边区域；栖息水深范围为5～50 m；分布于印度洋-西太平洋海域。

生态习性： 成群洄游于外礁坡的外缘中层区域，游动迅速；以浮游动物为食。

功能类群： 杂食性-日行浮游食型。

濒危等级： 无危(LC)。

潜在危害： 无害。

优势度： 一般种。

遇见指数： ☆☆☆。

49. 鳞鳍梅鲷属 Genus *Pterocaesio*

【82】黑带鳞鳍梅鲷 *Pterocaesio tile*

英文名： Dark-banded fusilier

形态特征： 体呈纺锤形。侧线平直；以鳞片中心的侧线为分界，上半部为蓝绿色，边缘黑色，下半部的1/3为白色至粉红色，夜间体侧下半部变为鲜红色。各鳍红色；尾鳍下半部有黑色条带。

分布特征： 礁栖鱼类，广泛分布于珊瑚礁周围，幼鱼偶尔大量出现于潟湖和礁滩的浅水区域；栖息水深范围为1～60 m；分布于印度洋-太平洋海域。

生态习性： 白天大量聚集并在珊瑚礁区快速巡游，以水体中层的浮游动物为食，夜间藏于礁石隐蔽处。

功能类群： 杂食性-日行浮游食型。

濒危等级： 无危(LC)。

潜在危害： 无害。

优势度： 常见种。

遇见指数： ☆☆☆。

（十八）裸颊鲷科 Family Lethrinidae

体延长而呈椭圆形，稍侧扁。头中大。口中大，吻尖，唇厚。眼位于头部偏后上方。体被中型栉鳞，头部及颊部裸露。背鳍单一，连续，硬棘部长于软鳍条部，且中间无缺刻；腹鳍胸位，具腋鳞；尾鳍内凹。为底栖肉食性鱼类，主要分布于珊瑚礁及其邻近海域，通常在夜间捕食底栖无脊椎动物或鱼类。本书记录 3 属 4 种。

50. 齿颌鲷属 Genus *Gnathodentex*

【83】金带齿颌鲷 *Gnathodentex aureolineatus*

英文名：Striped large-eye bream

形态特征：体背暗红褐色，具有多条点线状的银色纵纹；下方体侧银色至灰色，有若干金黄色至橘褐色纵纹。背鳍后方基部有1大黄斑；各鳍透明边缘淡红色。

分布特征：礁栖鱼类，栖息于礁滩、潟湖和向海礁区；栖息水深范围为3～30 m；分布于印度洋-太平洋海域。

生态习性：单独或成群出现；夜行性；以蟹类、腹足类等底栖无脊椎动物为食，偶尔以小鱼为食。

功能类群：肉食性-食大型无脊椎动物型。

濒危等级：无危(LC)。

潜在危害：有雪卡毒素中毒报道。

优势度：优势种。

遇见指数：☆☆☆☆☆。

51. 裸颊鲷属 Genus *Lethrinus*

【84】黄点裸颊鲷 *Lethrinus erythracanthus*

英文名：Orange-spotted emperor

形态特征：体背暗灰至褐色，散布有较多不明显的深色或淡色斑点，有时在体侧下半部有淡色的不规则纵纹。头部褐色或灰色，颊部有橘色斑点。胸鳍和腹鳍白色至橘红色；背鳍和臀鳍橘色和蓝色交杂；尾鳍为鲜亮的橘色。

分布特征：礁栖鱼类，栖息于水深较深的潟湖和水道、外礁坡及其邻近沙底区域；栖息水深范围为15～120 m；分布于印度洋-太平洋海域。

生态习性：白天一般独居于岩壁或洞穴中或周边区域；以棘皮动物、甲壳动物、软体动物、海百合和海星为食。

功能类群：肉食性-食大型无脊椎动物型。

濒危等级：无危(LC)。

潜在危害：有雪卡毒素中毒报道。

优势度：稀有种。

遇见指数：☆。

【85】红裸颊鲷 *Lethrinus rubrioperculatus*

英文名：Spotcheek emperor

形态特征：体色为橄榄灰或棕色，体表散布不规则的黑色小斑点。鳃盖上缘通常有1红色斑点。嘴唇通常为红色。鳍苍白色或略带粉色。

分布特征：礁栖鱼类，出现于外礁坡附近的沙底和碎石底区域；栖息水深范围为10～198 m；分布于印度洋-太平洋海域。

生态习性：主要以甲壳类、鱼类、棘皮类和软体动物为食。

功能类群：肉食性-一般肉食型。

濒危等级：无危(LC)。

潜在危害：无害。

优势度：稀有种。

遇见指数：☆。

52. 单列齿鲷属 Genus *Monotaxis*

【86】单列齿鲷 *Monotaxis grandoculis*

英文名： Humpnose big-eye bream

形态特征： 体通常是蓝灰色，腹部白色。唇为黄色至粉红色。眼部周围区域通常为黄色或橙色。鳍透明或暗色，红到黄橙色，无明显标记；胸鳍基部内表面黑色，有密集的鳞片；尾鳍通常有黑色纹路。较小个体（通常体长20～30 cm）体下半部白色，上半部有3明显的黑色鞍斑，由较窄的白色条纹隔开，一条黑色垂直条带从眼部穿过。

分布特征： 礁栖鱼类，出现于珊瑚礁附近的沙底和碎石底区域；栖息水深范围为1～100 m，通常为5～30 m；分布于印度洋-太平洋海域。

生态习性： 单独或成群出现；夜行性；主要以腹足类、海蛇尾和海胆为食，也摄食少量的寄居蟹、蟹、多毛类、被囊类和海参。

功能类群： 肉食性-食大型无脊椎动物型。

濒危等级： 无危(LC)。

潜在危害： 有雪卡毒素中毒报道。

优势度： 一般种。

遇见指数： ☆☆☆☆。

（十九）金线鱼科 Family Nemipteridae

体长，呈椭圆形，稍侧扁。头中大。口中大，端位，稍能伸缩。体被栉鳞，颊部和主鳃盖骨也有鳞片覆盖；侧线完全。单一背鳍，背鳍末端的软鳍条有时延长呈丝状；胸鳍细长；尾鳍叉形，有时尾鳍上页延长呈丝状。主要以底栖小鱼、头足类、甲壳类和多毛类为食的食肉鱼类，有些种类是食浮游动物。本书记录 2 属 4 种。

53. 锥齿鲷属 Genus *Pentapodus*

【87】犬牙锥齿鲷 *Pentapodus caninus*

英文名： Small-toothed whiptail

形态特征： 体呈黄绿色，腹部较浅，体侧有3黄色纵带。背鳍与胸鳍红色；臀鳍与腹鳍黄色。

分布特征： 礁栖鱼类，通常发现于珊瑚礁附近的海底；栖息水深范围为2～35 m；分布于西太平洋海域。

生态习性： 单独或成群出现；以小鱼、大型浮游动物和底栖生物为食。

功能类群： 肉食性-一般肉食型。

濒危等级： 无危(LC)。

潜在危害： 无害。

优势度： 少见种。

遇见指数： ☆☆☆。

54. 眶棘鲈属 Genus *Scolopsis*

【88】双线眶棘鲈 *Scolopsis bilineata*

英文名： Two-lined monocle bream

形态特征： 成鱼体黄绿色或灰褐色，腹部银白色；体侧有1边缘为黑色的白色斜带，位于眼部下方斜向上至背鳍中部的硬鳍条和软鳍条交界处；眼部上方另有2黄色斜纹；背鳍后部软鳍条基部有1白色斑块。幼鱼体表有3黑色纵线，纵线之间为黄色；背鳍软鳍条前部上缘、臀鳍前部及尾鳍上下缘黑色。

分布特征： 礁栖鱼类，成鱼在大多数珊瑚礁区均有所分布，幼鱼则出现于近海、潟湖或碎石地带；栖息水深范围为1～25 m；分布于印度洋-西太平洋海域。

生态习性： 单独、成对或成小群出现；以小鱼和底栖无脊椎动物为食。

功能类群： 肉食性-一般肉食型。

濒危等级： 无危(LC)。

潜在危害： 无害。

优势度： 少见种。

遇见指数： ☆☆☆。

【89】三带眶棘鲈 *Scolopsis lineata*

英文名： Striped monocle bream

形态特征： 体侧上半部为黄绿色，下半部银白色；头部及体侧有3黄白色纵纹；头部鳞片向前延伸至眼部前部边缘。幼鱼体呈白色，体侧上半部有3黑色纵纹，纵纹之间为黄色；背鳍硬棘前部有1黑色斑点。

分布特征： 礁栖鱼类，通常出现于有沙地的珊瑚礁区，成鱼通常成群栖息于潟湖外的礁滩和向海礁区，幼鱼则一般栖息于潟湖内水质清澈的、有珊瑚庇护的浅水区域；栖息水深范围为1～20 m；分布于印度洋东部-西太平洋海域。

生态习性： 成群出现；以小鱼、甲壳类和底栖无脊椎动物为食，主要是多毛类。

功能类群： 肉食性-一般肉食型。

濒危等级： 无危(LC)。

潜在危害： 无害。

优势度： 稀有种。

遇见指数： ☆☆。

【90】珠斑眶棘鲈 *Scolopsis margaritifera*

英文名： Pearly monocle bream

形态特征： 体延长呈椭圆形，侧扁。体呈黄绿色，腹部银白色。腹侧鳞片上有2～3列黄色斑点。胸鳍基部黄色。

分布特征： 礁栖鱼类，栖息于岩礁区或周边的沙地上；栖息水深范围为2～25 m；分布于西太平洋海域。

生态习性： 以甲壳类、多毛类、软体动物和小鱼为食。

功能类群： 肉食性-食大型无脊椎动物型。

濒危等级： 无危(LC)。

潜在危害： 无害。

优势度： 稀有种。

遇见指数： ☆。

（二十）仿石鲈科 Family Haemulidae

体呈椭圆形，侧扁。口小，但唇厚；上下颌齿尖或呈带状。体被中型到大型鳞片，头部也有鳞片覆盖；侧线完全，与背缘平行。背鳍连续；臀鳍第Ⅱ硬棘通常变粗且长。通常白天不活动，靠近或在岩壁下躲避，晚上分散在礁区附近沙地上寻找无脊椎动物为食。本书记录1属3种。

55. 胡椒鲷属 Genus *Plectorhinchus*

【91】斑胡椒鲷 *Plectorhinchus chaetodonoides*

英文名：Harlequin sweetlips

形态特征：幼鱼与成鱼体色差异大。幼鱼体呈褐色，体表有大块白色斑块。成鱼全身灰色，腹部颜色逐渐变淡，体表密布黑褐色斑点。

分布特征：礁栖鱼类，栖息于珊瑚丰富且水质清澈潟湖和向海礁区；栖息水深范围为1～30 m；分布于印度洋海域。

生态习性：白天单独出现在岩壁或洞穴下面，夜晚出来捕食，以甲壳类、软体动物和鱼类为食；幼鱼通过身体的左右摇摆来拟态有毒海蛞蝓，避免被其他捕食者捕食。

功能类群：肉食性-一般肉食型。

濒危等级：未评估(NE)。

潜在危害：无害。

优势度：稀有种。

遇见指数：☆。

【92】黄斑胡椒鲷 *Plectorhinchus flavomaculatus*

英文名： Lemonfish

形态特征： 体延长而侧扁，背部隆起呈弧形。吻短而唇厚。头与体侧呈灰白色。成鱼体呈淡灰蓝色，头部、体侧、背鳍和尾鳍散布许多黄色斑点；眼下的颊部有多条黄色条带；腹部白色。

分布特征： 礁栖鱼类，主要栖息于礁区内，有时也栖息于潟湖、沙地和海藻床；栖息水深范围为2～25 m；分布于印度洋-西太平洋海域。

生态习性： 通常单独活动；以小鱼、小虾为食。

功能类群： 肉食性-一般肉食型。

濒危等级： 未评估(NE)。

潜在危害： 无害。

优势度： 稀有种。

遇见指数： ☆。

【93】条斑胡椒鲷 *Plectorhinchus vittatus*

英文名： Indian Ocean oriental sweetlips

形态特征： 体呈灰白色；体侧有6褐色或黑色纵带，从吻端延伸至体后，腹部纵带较窄。各鳍淡黄色至淡白色；除胸鳍和腹鳍外的各鳍具有黑色斑点；胸鳍基部有1黑斑。

分布特征： 礁栖鱼类，栖息于珊瑚礁和近海礁区中；栖息水深范围为2～25 m；分布于印度洋-西太平洋海域。

生态习性： 单独或成小群出现；夜行性；主要以小鱼、小虾、蠕虫及无脊椎动物为食。

功能类群： 肉食性-一般肉食型。

濒危等级： 无危(LC)。

潜在危害： 无害。

优势度： 稀有种。

遇见指数： ☆。

（二十一）鮠科 Family Kyphosidae

体椭圆或圆形，体极高，中等侧扁。头小。口小，端位；吻短钝，上下颌等长。眼小或中型。体被中小型栉鳞；奇鳍基部被有细鳞，但无鳞鞘。侧线单一且完整。背鳍单一而连续；臀鳍与背鳍软鳍条部相连；腹鳍有腋鳞；尾鳍缘凹入或呈叉形。群游性；日行性；主要以藻类为食，也有以小型无脊椎动物为食。本书记录 1 属 1 种。

56. 鮠属 Genus *Kyphosus*

【94】长鳍鮠 *Kyphosus cinerascens*

英文名： Blue sea chub

形态特征： 体呈长椭圆形、侧扁。体呈灰褐色至青褐色。头背部稍突。体表有多条黄色纵斑，眼眶下具白纹。背鳍后半部有明显抬高。

分布特征： 礁栖鱼类，发现于有藻类覆盖的、具有坚硬底质的外礁坡、潟湖和向海礁区中层区域；栖息水深范围为1～45 m；分布于印度洋-太平洋海域。

生态习性： 植食性，主要以大型藻类为食，同时也会摄食无脊椎动物。

功能类群： 植食性-食大型藻型

濒危等级： 无危(LC)。

潜在危害： 食用有毒。

优势度： 稀有种。

遇见指数： ☆。

（二十二）羊鱼科 Family Mullidae

体延长呈纺锤形，中等侧扁。其显著特征是口下方有一对长须。头小，背部轮廓呈弧形隆起。口小且可伸缩；上颌稍长于下颌。体被大型圆鳞或有细棘的栉鳞；侧线 1，完整，偏向于背缘。背鳍 2，分离的较开；腹鳍具腋鳞；尾鳍叉形。多数为群游性中下层鱼类，利用口下方的触须探测珊瑚礁中的沙子或洞，以捕获底栖无脊椎动物或小鱼。本书记录 2 属 7 种。

57. 拟羊鱼属 Genus *Mulloidichthys*

【95】黄带拟羊鱼 *Mulloidichthys flavolineatus*

英文名： Yellowstripe goatfish

形态特征： 背部灰色至橄榄色，体侧和腹部白色；体侧有1～2黄色纵纹，第一背鳍下方有深色斑点。

分布特征： 礁栖鱼类，出现于潟湖、礁滩和向海礁区的沙底区域；栖息水深范围为1～76 m；分布于印度洋-太平洋海域。

生态习性： 白天聚集成群，夜晚分散觅食；以沙地中的底栖无脊椎动物为食，如甲壳类、软体动物、多毛类、海胆、有孔虫等。

功能类群： 肉食性-食大型无脊椎动物型。

濒危等级： 无危(LC)。

潜在危害： 无害。

优势度： 稀有种。

遇见指数： ☆。

【96】无斑拟羊鱼 *Mulloidichthys vanicolensis*

英文名： Yellowfin goatfish

形态特征： 背部红褐色，体侧和腹部白色，体侧有黄色的纵纹。各鳍黄色，无斑点。

分布特征： 礁栖鱼类，出现于潟湖、礁滩和向海礁区的沙底区域；栖息水深范围为1～13 m；分布于印度洋-太平洋海域。

生态习性： 白天聚集成群，夜晚分散觅食；以沙地中的底栖无脊椎动物为食。

功能类群： 肉食性-食大型无脊椎动物型。

濒危等级： 无危(LC)。

潜在危害： 无害。

优势度： 稀有种。

遇见指数： ☆☆。

58. 副鲱鲤属 Genus *Parupeneus*

【97】条斑副绯鲤 *Parupeneus barberinus*

英文名： Dash-and-dot goatfish

形态特征： 体色发白，从上唇过眼部至第二背鳍后部下方或尾柄前方有1深棕色至黑色的纵纹（深水区时为红色），纵纹上方有黄色或黄灰色的斑纹；近尾柄基部有1大的圆形黑斑。

分布特征： 礁栖鱼类，栖息于大块沙地中，也出现于潟湖、礁滩和向海礁区的沙地和碎石区；栖息水深范围为1～100 m；分布于印度洋-太平洋海域。

生态习性： 白天三五成群地在沙地上游动觅食，以沙地中的无脊椎动物为食，如多毛类和甲壳类。

功能类群： 肉食性-食大型无脊椎动物型。

濒危等级： 无危(LC)。

潜在危害： 无害。

优势度： 稀有种。

遇见指数： ☆☆。

【98】粗唇副绯鲤 *Parupeneus crassilabris*

英文名： Doublebar goatfish

形态特征： 体呈白色，体表鳞片有略带紫色或黄色色泽的橘色斑点。眼部周围有暗色斑纹。体侧有2黑色的大横纹，其中第一条横纹未延伸超过胸鳍基部的水平线。

分布特征： 礁栖鱼类，栖息于海岸和外礁坡；栖息水深范围为1～80 m；分布于印度洋-西太平洋海域。

生态习性： 单独出现；白天以甲壳类为食，夜晚以鱼类和蟹幼体为食。

功能类群： 肉食性-食大型无脊椎动物型。

濒危等级： 无危(LC)。

潜在危害： 无害。

优势度： 一般种。

遇见指数： ☆☆☆。

【99】圆口副绯鲤 *Parupeneus cyclostomus*

英文名：Gold-saddle goatfish

形态特征：大型个体呈黄灰色，除腹部以外，身体其余各处鳞片边缘呈鲜亮的蓝色；尾柄上部有一黄色鞍状斑；眼部周围有窄的蓝色条纹；尾鳍有纵向蓝带，第二背鳍和臀鳍有窄的蓝色斜纹。较小的个体呈一致的黄色。

分布特征：礁栖鱼类，发现于礁坪、潟湖和向海礁区；栖息水深范围为2～125 m；分布于印度洋-太平洋海域。

生态习性：幼鱼成群，成鱼独行；白天觅食，主要以小鱼、甲壳类、章鱼、多毛类和小型腹足类为食。

功能类群：肉食性-食大型无脊椎动物型。

濒危等级：无危(LC)。

潜在危害：有雪卡毒素中毒报道。

优势度：少见种。

遇见指数：☆☆☆。

【100】多带副绯鲤 *Parupeneus multifasciatus*

英文名： Manybar goatfish

形态特征： 体呈灰色至红色，鳞片边缘通常为黄色。靠近尾柄有1黑色宽横纹，在第二背鳍下方也有1黑色横纹，两横纹之间的区域颜色泛白。第一背鳍和第二背鳍之间的下方也常有1暗色横带，有时身体前半部也有1～2暗色横带；尾鳍淡黄色至粉红色，上有窄的蓝色纵纹。

分布特征： 礁栖鱼类，通常出现于沙地，也栖息于礁滩和浅潟湖的碎石区或珊瑚基部；栖息水深范围为3～161 m；分布于太平洋海域。

生态习性： 白天以小型蟹类和虾类为食，也吃雀鲷鱼卵、软体动物和有孔虫。

功能类群： 肉食性-食大型无脊椎动物型。

濒危等级： 无危(LC)。

潜在危害： 无害。

优势度： 常见种。

遇见指数： ☆☆☆☆☆。

【101】黑斑副绯鲤 *Parupeneus pleurostigma*

英文名： Sidespot goatfish

形态特征： 体呈黄灰色至淡红色；鳞片边缘较暗，第一背鳍后部下方具1黑斑，黑斑后具1淡粉色至白色的大斑点；体侧鳞片上通常有蓝色斑点；第二背鳍基底黑色。

分布特征： 礁栖鱼类，主要栖息于礁坡砂石底，或海藻密生的隐秘处；栖息水深范围为1～120 m；分布于印度洋-太平洋海域。

生态习性： 白天使用触须寻找底栖生物，如蟹、多毛类和蠕虫，也捕食虾、心形海胆、小鱼等。

功能类群： 肉食性-食大型无脊椎动物型。

濒危等级： 无危(LC)。

潜在危害： 无害。

优势度： 一般种。

遇见指数： ☆☆☆。

（二十三）单鳍鱼科 Family Pempheridae

体呈椭圆形，体高而侧扁。口斜裂；下颌突出，上颌骨后端宽大，不被眶前骨所遮盖，末端延伸至眼中部下方。吻钝圆。眼大但无脂眼睑。体被中等大小的圆鳞或栉鳞；侧线单一且完整并延伸至尾鳍上面。背鳍单一、中短，位于体前半部；臀鳍长；胸鳍尖形，较头长短；腹鳍具腋鳞；尾鳍截形或稍凹。本书记录 1 属 1 种。

59. 单鳍鱼属 Genus *Pempheris*

【102】黑边单鳍鱼 *Pempheris oualensis*

英文名： Blackspot sweeper

形态特征： 头和背部为深褐色或浅褐色，下部为银色，鳞片上有许多黑色小斑点，随生长而增加，尤其以胸部、鳃盖和头部更为显著，最后可成古铜色。背鳍前缘和末端黑色；臀鳍色淡；胸鳍基部有1黑色斑点；尾鳍通常无黑色边。

分布特征： 礁栖鱼类，栖息于清澈的浅潟湖和向海礁区；栖息水深范围为1～36 m；分布于印度洋-太平洋海域。

生态习性： 白天躲藏于洞穴中，夜晚出来觅食甲壳类、小鱼及其他小型无脊椎动物。

功能类群： 肉食性-一般肉食型。

濒危等级： 未评估(NE)。

潜在危害： 无害。

优势度： 稀有种。

遇见指数： ☆。

（二十四）白鲳科 Family Ephippidae

体菱形至圆形，高而短。头高大于头长。口小；吻短，圆钝。眼大。体被中小型栉鳞。背鳍与臀鳍高立或一般；尾鳍双凹形或截形。主要以底栖无脊椎动物及浮游动物为食。本书记录 1 属 1 种。

60. 燕鱼属 Genus *Platax*

【103】弯鳍燕鱼 *Platax pinnatus*

英文名： Dusky batfish

形态特征： 体菱形，极侧扁。幼鱼呈深棕色至黑色，鱼身边缘为明亮的深红色。成鱼呈暗银色，具短鳍。头部轮廓有明显凹陷。吻部与鼻部突出。口下位；上下颌等长，下颌具小孔4对，颌齿具三牙尖，以中间牙尖特别长。背鳍、臀鳍鳍条均向体后延长，呈镰刀状；腹鳍延长；尾鳍截形或双凹形。

分布特征： 礁栖鱼类；栖息水深范围为 15～30 m；分布于西太平洋海域。

生态习性： 幼鱼主要在浅海珊瑚礁或岩礁中活动，通过侧躺以鳍作波浪状运动，拟态有毒的扁虫来避免其他鱼类捕食；成鱼在珊瑚礁外缘活动，常发现于陡峭的外礁坡悬垂处；昼伏夜出，以藻类、水母及其他胶质浮游动物为食。

功能类群： 杂食性-夜行浮游食型。

濒危等级： 未评估(NE)。

潜在危害： 无害。

优势度： 稀有种。

遇见指数： ☆。

（二十五）蝴蝶鱼科 Family Chaetodontidae

体呈菱形或近似椭圆形，侧扁。口小，端位。前鳃盖骨平滑，但幼鱼可能有锯齿或突棘。体被中小型弱栉鳞或圆鳞；侧线完全，呈弧形，但不明显。背鳍连续，硬棘与软鳍条部分有浅缺刻；腹鳍胸位，有腋鳞；尾鳍圆形或截形。日行性，食性种间差异大。本书记录 4 属 23 种。

61. 蝴蝶鱼属 Genus *Chaetodon*

【104】项斑蝴蝶鱼 *Chaetodon adiergastos*

英文名： Philippine butterflyfish

形态特征： 体呈银白色，体侧有13～14褐色或暗色的斜纹。眼部有黑斑覆盖，颈背部也有黑色鞍状斑纹。胸鳍颜色淡，其余各鳍黄色；背鳍和臀鳍的软鳍条部分边缘黑色；尾鳍中央有1暗色横条纹。幼鱼在背鳍软鳍条部末端具1黑色斑点。

分布特征： 礁栖鱼类，成鱼常见于珊瑚礁区，通常在软珊瑚附近，幼鱼栖息于封闭礁区的浅水区或河口；栖息水深范围为1～30 m；分布于西太平洋海域。

生态习性： 成对或小群出现，生性警惕；以珊瑚、蟹和其他小型无脊椎动物为食。

功能类群： 珊瑚食性-兼食珊瑚型

濒危等级： 无危(LC)。

潜在危害： 无害。

优势度： 稀有种。

遇见指数： ☆。

【105】丝蝴蝶鱼 *Chaetodon auriga*

英文名： Threadfin butterflyfish

形态特征： 体前部银白色至灰黄色，后部黄色；体侧前段上方有5长3短向后倾斜的暗带，而后端下方具有8～9向前倾斜的暗带，两种暗带彼此呈直角交汇。背鳍和臀鳍边缘黑色；尾鳍后端具有黑边的黄色横带。幼鱼和成鱼的背鳍软鳍条部分具有1黑色斑点，成鱼的软鳍条末端延长呈丝状。

分布特征： 礁栖鱼类，栖息区域较广，珊瑚覆盖率较高和较低区域均有所分布；栖息水深范围为1～60 m；分布于印度洋-太平洋海域。

生态习性： 成对、单独或小群出现，以多毛类、海葵、珊瑚虫和藻类为食。

功能类群： 珊瑚食性-兼食珊瑚型

濒危等级： 无危(LC)。

潜在危害： 无害。

优势度： 少见种。

遇见指数： ☆☆☆。

【106】叉纹蝴蝶鱼 *Chaetodon auripes*

英文名： Oriental butterflyfish

形态特征： 体呈黄褐色，体侧水平方向有多条暗色纵带；眼部有黑色眼带覆盖，眼带后有1白色横带。背鳍和臀鳍边缘黑色；尾鳍后半部具1黑色横带，其后为白色边缘。幼鱼背鳍软鳍条部分具黑色斑点。

分布特征： 礁栖鱼类，栖息于有藻类和珊瑚的礁区；栖息水深范围1～30 m；分布于西太平洋海域。

生态习性： 单独或成群出现；主要以多毛类、甲壳类、腹足类等小型无脊椎动物和藻类为食。

功能类群： 杂食性-底栖杂食型。

濒危等级： 无危(LC)。

潜在危害： 无害。

优势度： 少见种。

遇见指数： ☆☆☆。

【107】曲纹蝴蝶鱼 *Chaetodon baronessa*

英文名： Eastern triangular butterflyfish

形态特征： 体灰蓝色，体侧分布有11“く”状暗色条纹；头部具有3黑色鞍状条带，分别从吻部、眼部和鳃盖后方穿过。背鳍和臀鳍软鳍条后缘为蓝黑色；尾鳍后端边缘白色。

分布特征： 礁栖鱼类，栖息于潟湖和向海的礁区；栖息水深范围5～20 m；分布于西太平洋海域。

生态习性： 一般成对出现，具有领域性；专食鹿角珊瑚虫。

功能类群： 珊瑚食性-兼食珊瑚型。

濒危等级： 无危(LC)。

潜在危害： 无害。

优势度： 少见种。

遇见指数： ☆。

【108】密点蝴蝶鱼 *Chaetodon citrinellus*

英文名： Speckled butterflyfish

形态特征： 体呈鲜黄色至苍白色，体侧大多数鳞片各具有1蓝黑色点，形成10余点带状纵带。头部黑色眼带窄于眼带，眼带前后边缘为黄色。各鳍与体色一致，而臀鳍具黑色边缘。

分布特征： 礁栖鱼类，通常栖息于礁滩、潟湖和向海礁区的浅水区，栖息环境多为有零星珊瑚分布的开阔区域；栖息水深范围为1～36 m，通常为1～5 m；分布于印度洋-太平洋海域。

生态习性： 通常成对出现；以小型无脊椎动物、珊瑚虫、丝状藻类或藻类碎片为食。

功能类群： 珊瑚食性-兼食珊瑚型。

濒危等级： 无危(LC)。

潜在危害： 无害。

优势度： 稀有种。

遇见指数： ☆☆☆。

【109】鞭蝴蝶鱼 *Chaetodon ephippium*

英文名：Saddle butterflyfish

形态特征：体前半部呈灰褐色，后半部淡黄色，体下半部具有6～7纵向褐色条纹，体后上方具有一大片黑色斑块，斑块在身体边缘部分具有白色宽条纹。背鳍末端延长呈丝状，至尾柄具有橙色边缘；臀鳍白色，边缘为橙色至黄色；尾鳍上下级末端具有黄色至橙色边。幼鱼具有黑色眼带，尾柄具有伪装的眼点，眼带和眼点成鱼后消失。

分布特征：礁栖鱼类，出现于水深为30 m的潟湖和向海的礁区，偏向栖息于珊瑚丰富和水质清澈的水域；栖息水深范围0～30 m；分布于印度洋-太平洋海域。

生态习性：单独、成对或成群出现；以丝状藻类、小型无脊椎动物、珊瑚虫和鱼卵为食。

功能类群：珊瑚食性-兼食珊瑚型。

濒危等级：无危(LC)。

潜在危害：无害。

优势度：稀有种。

遇见指数：☆。

【110】珠蝴蝶鱼 *Chaetodon kleinii*

英文名： Sunburst butterflyfish

形态特征： 体呈黄褐色至淡黄色；有2较宽的白色条纹横穿体侧，1从背脊起点附近穿过，1从背部中间穿过，另有1黑色条带垂直从眼部穿过，体两侧有多条点状的水平条纹。背鳍和臀鳍软鳍条后部具有黑色纹路及白色边缘；腹鳍黑色；胸鳍淡色；尾鳍黄色边缘黑色。

分布特征： 礁栖鱼类，出现于水深较深的潟湖、航道和向海的礁区；栖息水深范围为4～61 m，通常为10 m以下；分布于印度洋-太平洋海域。

生态习性： 通常成对觅食，主要以软珊瑚、藻类和浮游动物为食。

功能类群： 珊瑚食性-食软珊瑚型。

濒危等级： 无危(LC)。

潜在危害： 无害。

优势度： 常见种。

遇见指数： ☆☆☆☆☆。

【111】新月蝴蝶鱼 *Chaetodon lunula*

英文名：Raccoon butterflyfish

形态特征：体黄色至黄褐色；体侧于胸鳍上方至背鳍前段基部有1倾斜的黑色条带；腹鳍前方至背部后方黑点排列成6～10斜点带条纹，眼部有黑色斑块覆盖，后方有1白色斑块。幼鱼尾柄和背鳍软鳍条部分各具1黑点；尾鳍近基部有黑色线纹，随鱼生长黑点和线纹逐渐消失；而尾柄处的黑点向上扩展与背鳍基部相连形成狭带。成鱼背鳍和臀鳍边缘黑色；腹鳍黄色；胸鳍颜色淡；尾鳍黄色，末端有白边的黑纹。

分布特征：礁栖鱼类，出现于潟湖的浅水区或向海的礁区；栖息水深范围为0～170 m；分布于印度洋-太平洋海域。

生态习性：白天大都停留在礁石间，夜间活动，通常成对或小群体出现；主要以小型底栖无脊椎动物为食，也以藻类和珊瑚虫为食。

功能类群：珊瑚食性-兼食珊瑚型。

濒危等级：无危(LC)。

潜在危害：无害。

优势度：稀有种。

遇见指数：☆☆。

【112】黑背蝴蝶鱼 *Chaetodon melannotus*

英文名： Blackback butterflyfish

形态特征： 体淡黄色，背部黑色；体侧有21～22向后上方倾斜的黑色条纹。眼部有1黑色斜纹穿过，宽度窄于眼径。各鳍金黄色；胸鳍颜色淡，仅基部黄色；尾鳍前半部黄色，后半部灰白色，两颜色之间有1黑色条纹。幼鱼尾柄处具有黑色斑点，成熟后消失。

分布特征： 礁栖鱼类，出现于珊瑚覆盖率较高的潟湖、礁滩和向海的礁区；栖息水深范围为2～20 m；分布于印度洋-太平洋海域。

生态习性： 成对或小群出现；以珊瑚虫为食。

功能类群： 珊瑚食性-专食珊瑚型。

濒危等级： 无危(LC)。

潜在危害： 无害。

优势度： 少见种。

遇见指数： ☆☆☆。

【113】华丽蝴蝶鱼 *Chaetodon ornatissimus*

英文名： Ornate butterflyfish

形态特征： 体白色至灰白色，头部、体背部和腹部为黄色；体侧有6橙色至黄褐色的斜带。头部有2带黄边的黑色条带，1横穿眼睛，1横穿鼻部。奇鳍具有黑色边缘；胸鳍和腹鳍黄色；尾鳍中间和末端各具有1黑色条带。

分布特征： 礁栖鱼类，栖息于潟湖和向海的珊瑚礁区；栖息水深范围为1～36 m；分布于印度洋-太平洋海域。

生态习性： 通常成对或家族聚集生活，幼鱼聚集于枝状珊瑚芽间，受到惊吓时躲藏于珊瑚中；以珊瑚虫或珊瑚组织为食。

功能类群： 珊瑚食性-专食珊瑚型。

濒危等级： 无危(LC)。

潜在危害： 无害。

优势度： 一般种。

遇见指数： ☆☆☆☆。

【114】斑带蝴蝶鱼 *Chaetodon punctatofasciatus*

英文名： Spotband butterflyfish

形态特征： 体呈棕黄色，腹部颜色较淡；体侧鳞片具有暗点，接近鳍的暗点较小，体侧上半部有一排垂直方向的条带，1黑边的橙色条纹贯穿眼部。背鳍和臀鳍具金黄色边缘，内侧为黑色线纹；胸鳍和腹鳍淡黄色；尾鳍中间有1黑色条带，后缘透明。尾柄橘黄色。

分布特征： 礁栖鱼类，通常出现于珊瑚覆盖率较高、水体清澈的潟湖和向海的礁区，也出现于礁盘的外围；栖息水深范围为1～45 m；分布于印度洋-太平洋海域。

生态习性： 通常成对生活；以丝状藻类、珊瑚和底栖无脊椎动物为食。

功能类群： 珊瑚食性-兼食珊瑚型。

濒危等级： 无危(LC)。

潜在危害： 无害。

优势度： 少见种。

遇见指数： ☆☆☆。

【115】格纹蝴蝶鱼 *Chaetodon rafflesi*

英文名： Latticed butterflyfish
形态特征： 体呈黄色；体侧有网格状的交叉图案。背鳍的多棘部分下面具黑色斑点，1黑色条带从眼部穿过，向下延伸至鳃盖边缘，宽度窄于眼径；各鳍黄色，背鳍、臀鳍和尾鳍具有1暗条纹。
分布特征： 礁栖鱼类，栖息于珊瑚覆盖率较高的潟湖和礁区；栖息水深范围1～15 m；分布于印度洋-太平洋海域。
生态习性： 通常成对生活，生性胆怯；以海葵、多毛类和珊瑚为食。
功能类群： 珊瑚食性-兼食珊瑚型。
濒危等级： 无危(LC)。
潜在危害： 无害。
优势度： 稀有种。
遇见指数： ☆。

【116】镜斑蝴蝶鱼 *Chaetodon speculum*

英文名： Mirror butterflyfish

形态特征： 体呈白色；体侧有网格状的交叉图案，尾后半部为黄色，体侧后部有1宽的黄色斑纹；眼部有1黑色条纹穿过，宽度小于眼径；颈背处有1黑色斑点。

分布特征： 礁栖鱼类，常见于珊瑚和海葵较为丰富的礁坡上；栖息水深范围3～30 m；分布于印度洋-太平洋海域。

生态习性： 通常单独出现，成对出现不常见，繁殖期间成对；以珊瑚和小型无脊椎动物为食。

功能类群： 珊瑚食性-兼食珊瑚型。

濒危等级： 无危(LC)。

潜在危害： 无害。

优势度： 稀有种。

遇见指数： ☆☆☆。

【117】三纹蝴蝶鱼 *Chaetodon trifascialis*

英文名： Chevron butterflyfish

形态特征： 体呈灰蓝色或白色；体表分布有多条“く”状黑色条纹。尾鳍黑色，边缘黄色。

分布特征： 礁栖鱼类，出现于浅水区和半封闭的向海礁区；栖息水深范围2～30 m，通常不低于10 m；分布于印度洋-太平洋海域。

生态习性： 单独或成对出现；以鹿角珊瑚的珊瑚虫和黏液为食。

功能类群： 珊瑚食性-专食珊瑚型。

濒危等级： 低危(NT)。

潜在危害： 无害。

优势度： 少见种。

遇见指数： ☆☆☆。

【118】三带蝴蝶鱼 *Chaetodon trifasciatus*

英文名： Melon butterflyfish

形态特征： 体呈苍白色，带有许多浅紫色的条纹。臀鳍红色，边缘黄色，基部黑色；尾基部苍白色。

分布特征： 礁栖鱼类，出现于珊瑚覆盖率较高的潟湖和半封闭向海的礁区；栖息水深不超过30 m；分布于印度洋-太平洋海域。

生态习性： 具有领域性，对其他蝴蝶鱼类具有攻击性，一般成对出现；专食珊瑚。

功能类群： 珊瑚食性-专食珊瑚型。

濒危等级： 无危(LC)。

潜在危害： 无害。

优势度： 少见种。

遇见指数： ☆☆☆。

【119】鞍斑蝴蝶鱼 *Chaetodon ulietensis*

英文名： Pacific double-saddle butterflyfish

形态特征： 体前部和中部白色，后部黄色；背部有1对弥散的鞍状黑色斑块；尾基部有1黑色斑点。背鳍、臀鳍金黄色。

分布特征： 礁栖鱼类，常出现于珊瑚覆盖较好的潟湖礁区，向海礁区不常见；栖息水深范围为2～30 m；分布于印度洋-太平洋海域。

生态习性： 单独、成对或小群出现；杂食性，以藻类或动物残渣为食。

功能类群： 杂食性-底栖杂食型。

濒危等级： 无危(LC)。

潜在危害： 无害。

优势度： 稀有种。

遇见指数： ☆☆。

【120】黄蝴蝶鱼 *Chaetodon xanthurus*

英文名： Pearlscale butterflyfish

形态特征： 体呈白色；体侧有网格状的交叉图案；眼部有1黑色条纹穿过，宽度小于眼径；颈背出有1黑色斑点；尾后半部为橘黄色；体侧后部有1宽的橘黄色斑纹。

分布特征： 礁栖鱼类，栖息于珊瑚礁与外海明显交界的外礁坡或陡崖处；栖息水深范为围6～50 m，通常为15 m以下；分布于西太平洋海域。

生态习性： 通常单独或成对生活；以小型无脊椎动物和藻类为食。

功能类群： 杂食性-底栖杂食型。

濒危等级： 无危(LC)。

潜在危害： 无害。

优势度： 稀有种。

遇见指数： ☆。

62. 镊口鱼属 Genus *Forcipiger*

【121】黄镊口鱼 *Forcipiger flavissimus*

英文名： Longnose butterflyfish

形态特征： 体高而侧扁。体呈黄色，头部上半部即眼下缘至背鳍、胸鳍基部为黑褐色，头部下半部为略带蓝色的银白色。吻部极长而延伸成管状。背鳍、腹鳍和臀鳍黄色；背鳍和臀鳍的软鳍条部分具淡蓝色边缘；臀鳍软鳍条靠近尾柄部有1黑色斑点；胸鳍和尾鳍颜色较淡。

分布特征： 礁栖鱼类，常见于向海的礁区，但有时也见于潟湖内的礁区；栖息水深范围2～145 m；分布于印度洋-太平洋海域。

生态习性： 通常单独或最多形成5个个体的小群体，成鱼一般成对；食性较杂，以各种动物为食，包括鱼卵、小型甲壳类等，偏向于摄食棘皮动物的管足、多毛类的触须等。

功能类群： 肉食性-食小型无脊椎动物型。

濒危等级： 无危(LC)。

潜在危害： 无害。

优势度： 常见种。

遇见指数： ☆☆☆☆☆。

63. 霞蝶鱼属 Genus *Hemitaurichthys*

【122】多鳞霞蝶鱼 *Hemitaurichthys polylepis*

英文名： Pyramid butterflyfish

形态特征： 体高侧扁，呈卵圆形，背部轮廓较腹部突出。体呈银白色或白色，头部上部有1黄色三角区域。吻短。背鳍和臀鳍均为黄色；胸鳍为淡色；腹鳍、尾鳍银白色。

分布特征： 礁栖鱼类，通常出现于外礁坡陡峭处边缘上方；栖息水深范围为3～60 m；分布于太平洋海域。

生态习性： 通常成群出现；以浮游生物为食。

功能类群： 杂食性-日行浮游食型。

濒危等级： 无危(LC)。

潜在危害： 无害。

优势度： 常见种。

遇见指数： ☆☆☆☆。

64. 马夫鱼属 Genus *Heniochus*

【123】马夫鱼 *Heniochus acuminatus*

英文名： Pennant coralfish

形态特征： 体高侧扁，头背部隆起。体呈银白色，体侧具2宽的黑色横带。两眼间有1黑色眼带。吻背面灰褐色。背鳍软鳍条部分及尾鳍为黄色；胸鳍基部和腹鳍黑色。

分布特征： 礁栖鱼类，栖息于潟湖、水道和外礁坡的深水区域；栖息水深范围为2～178 m，通常为15～75 m；分布于印度洋-太平洋海域。

生态习性： 幼鱼单独出现，成鱼通常成对出现；以浮游动物为食，有时也摄食礁石上附着的生物。

功能类群： 杂食性-日行浮游食型。

濒危等级： 无危(LC)。

潜在危害： 无害。

优势度： 稀有种。

遇见指数： ☆。

【124】金口马夫鱼 *Heniochus chrysostomus*

英文名： Threeband pennantfish

形态特征： 体高侧扁，略成三角形。体呈银白色；体侧具3褐色至黑色的暗带。吻略成黄色，吻顶部灰黑色。

分布特征： 礁栖鱼类，通常出现于珊瑚较为丰富的潮下带、潟湖和向海礁区；栖息水深范围为2～40 m；分布于印度洋-太平洋海域。

生态习性： 幼鱼单独出现，成鱼通常成对出现；主要以珊瑚虫为食。

功能类群： 珊瑚食性-兼食珊瑚型。

濒危等级： 无危(LC)。

潜在危害： 无害。

优势度： 一般种。

遇见指数： ☆☆☆。

【125】四带马夫鱼 *Heniochus singularius*

英文名：Singular bannerfish

形态特征：体侧扁，背部隆起，略成三角形。体侧具有2黑色横带，第一条从背鳍起点至腹鳍，第二条自背鳍硬棘部分至臀鳍后部。具眼带。吻部向下环绕有1黑圈。背鳍软鳍条部分和尾鳍为黄色；胸鳍基部黑色；其余淡黄色。

分布特征：礁栖鱼类，通常生活在潟湖和向海礁区的深水区，偏向于珊瑚丰富和有垂直落差地势的区域；栖息水深范围为2～250 m，通常为15～40 m；分布于太平洋海域。

生态习性：单独或成对出现；主要以珊瑚虫为食。

功能类群：珊瑚食性-兼食珊瑚型。

濒危等级：无危(LC)。

潜在危害：无害。

优势度：稀有种。

遇见指数：☆☆。

【126】白带马夫鱼 *Heniochus varius*

英文名：Horned bannerfish

形态特征：体侧扁，背部隆起，略呈三角形。体黑褐色，体侧前半部和后半部各有1白色横条带。头短小。背鳍软鳍条部分和尾鳍为淡黄褐色至淡色；臀鳍灰黑色；胸鳍基部黑色；腹鳍黑色。

分布特征：礁栖鱼类，出现于藻类和珊瑚混合生长、外礁坡或潟湖的深水区域；栖息水深范围为2～30 m；分布于太平洋海域。

生态习性：单独或小群出现；以珊瑚虫和其他无脊椎动物为食。

功能类群：珊瑚食性-兼食珊瑚型。

濒危等级：无危(LC)。

潜在危害：无害。

优势度：少见种。

遇见指数：☆☆☆。

（二十六）刺盖鱼科 Family Pomacanthidae

外形与蝴蝶鱼相似，体呈菱形或椭圆形，侧扁。口小，具尖锐细齿。前鳃盖后缘具锯齿，向后下方延伸成1硬棘。体被中型或小型栉鳞；侧线完全或不完全。背鳍连续；腹鳍无腋鳞；尾鳍为圆形或弯月形。本书记录4属6种。

65. 阿波鱼属 Genus *Apolemichthys*

【127】三点阿波鱼 *Apolemichthys trimaculatus*

英文名：Threespot angelfish

形态特征：体呈椭圆形，黄色。头部背面至吻部轮廓成直线，头顶和鳃盖上方各有1眼睛大小、黄色边的淡青色斑点。臀鳍具有1黑色宽带。

分布特征：礁栖鱼类，栖息于潟湖或向外海的珊瑚礁面；栖息水深范围为3～60 m；分布于印度洋-西太平洋海域。

生态习性：多半单独或小群活动；以海绵和被囊动物为食。

功能类群：肉食性-食小型无脊椎动物型。

濒危等级：无危(LC)。

潜在危害：无害。

优势度：稀有种。

遇见指数：☆。

66. 刺尻鱼属 Genus *Centropyge*

【128】双棘刺尻鱼 *Centropyge bispinosa*

英文名： Twospined angelfish

形态特征： 体呈黄褐色至橙褐色，体侧有17～20延伸至腹部的蓝紫色至黑褐色条纹。头部与背侧为蓝紫色至黑褐色，胸部与腹部为黄褐色。背鳍、臀鳍和尾鳍均为蓝紫色至黑褐色，腹鳍和胸鳍为黄色。

分布特征： 礁栖鱼类，栖息于珊瑚覆盖率较高的潟湖或向海的珊瑚礁区；栖息水深范围为3～60 m；分布于印度洋-太平洋海域。

生态习性： 主要以藻类为食，也以珊瑚虫及附着生物等为食。

功能类群： 珊瑚食性-兼食珊瑚型。

濒危等级： 无危(LC)。

潜在危害： 无害。

优势度： 稀有种。

遇见指数： ☆。

【129】海氏刺尻鱼 *Centropyge heraldi*

英文名：Yellow angelfish
形态特征：鱼身整体呈鲜亮的黄色或橙黄色，眼后具1带黄色斑点的黑褐色斑纹。
分布特征：礁栖鱼类，栖息于陡峭的外礁坡，偶尔也出现于潟湖；栖息水深范围为5～90 m；分布于印度洋-太平洋海域。
生态习性：生性机警；主要以藻类为食，也以珊瑚虫及附着生物等为食。
功能类群：珊瑚食性-兼食珊瑚型。
濒危等级：无危(LC)。
潜在危害：无害。
优势度：一般种。
遇见指数：☆☆☆☆。

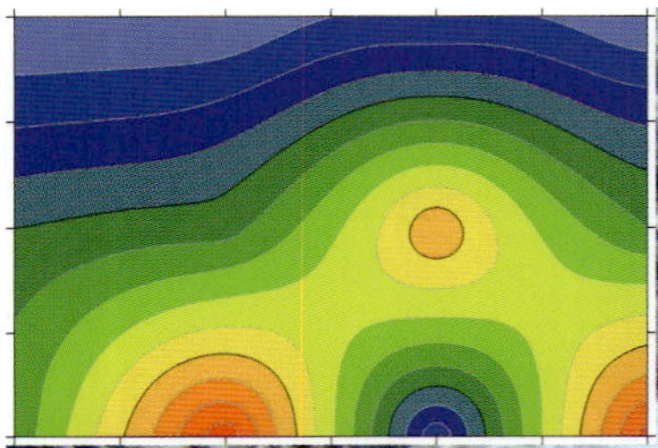

【130】珠点刺尻鱼 *Centropyge vroliki*

英文名：Pearlscale angelfish

形态特征：体前半部为淡黄色或淡褐色，后半部颜色深。胸及腹鳍淡黄褐色至乳黄色；背鳍、臀鳍和尾鳍有蓝边；尾鳍暗褐色。

分布特征：礁栖鱼类，栖息于潟湖和向海礁区，主要在珊瑚丰富的区域；栖息水深范围为1～25 m；分布于西太平洋海域。

生态习性：单独或成群出现；一雄一雌；生性机警；以藻类、珊瑚虫、海绵和被囊动物为食。

功能类群：珊瑚食性-兼食珊瑚型。

濒危等级：无危(LC)。

潜在危害：无害。

优势度：少见种。

遇见指数：☆☆☆。

67. 刺盖鱼属 Genus *Pomacanthus*

【131】主刺盖鱼 *Pomacanthus imperator*

英文名：Emperor angelfish

形态特征：体略高呈卵圆形。背部轮廓略突出，头背于眼上方平直。吻钝而小。幼鱼体呈深蓝色，体表具多条白色圆弧状纹路。成鱼体呈黄褐色至暗褐色，体侧具10～25黄色纵纹；胸鳍基部具1黑斑。

分布特征：礁栖鱼类，栖息于向海的珊瑚礁区，或水道和水质清澈的潟湖中；栖息水深范围为1～100 m；分布于西太平洋海域。

生态习性：成鱼具有领域性，会发出“咯咯”声吓退或攻击侵入领域者，幼鱼则在洞穴附近活动；以海绵、附着生物和藻类为食。

功能类群：杂食性-底栖杂食型。

濒危等级：无危(LC)。

潜在危害：无害。

优势度：稀有种。

遇见指数：☆☆。

68. 甲尻鱼属 Genus *Pygoplites*

【132】双棘甲尻鱼 *Pygoplites diacanthus*

英文名： Regal angelfish

形态特征： 体呈卵形。幼鱼体呈橘黄色，体侧具有4～6黑色边的白色至淡青色条带；背鳍末端具1黑色假眼。成鱼体呈黄色；体侧横带达8～10，并延伸至背鳍；背鳍呈暗蓝色，假眼消失，由背鳍前方至眼后有1黑色边的淡青色条带，臀鳍黄褐色，具有数条青色的弧形条纹，尾鳍黄色。

分布特征： 礁栖鱼类，栖息于珊瑚覆盖率较高的潟湖或向海的珊瑚礁区，通常在洞穴附近发现；栖息水深范围为0～80 m；分布于印度洋-太平洋海域。

生态习性： 以海绵、被囊动物、海参为食。

功能类群： 肉食性-食大型无脊椎动物型。

濒危等级： 无危 (LC)。

潜在危害： 无害。

优势度： 一般种。

遇见指数： ☆☆☆。

（二十七）鲻科 Family Cirrhitidae

通常体型较小，体色丰富。体呈圆形或延长，稍侧扁。口小，端位；前上颌骨后部宽且能伸缩。体被圆鳞或栉鳞；具 1 完整的侧线，近乎平直。背鳍单一且连续，具深缺刻，硬棘部基底较长，且硬棘末端与鳍膜的连接处有 1 或多个毛状突起。栖息于珊瑚礁或岩礁，利用宽大的胸鳍停歇于珊瑚分枝或礁石上，伺机捕食小型甲壳类和鱼类。雌雄同体，存在性逆转。本书记录 3 属 4 种。

69. 金鲻属 Genus *Cirrhitichthys*

【133】真丝金鲻 *Cirrhitichthys falco*

英文名： Dwarf hawkfish

形态特征： 体灰白色至浅褐色，体侧有5红褐色至暗褐色横带，横带之间有许多斑点或斑块分布。眼下方有2红褐色斜带。吻尖也有1红褐色条带。各鳍淡色，背鳍及尾鳍有红褐色斑点。

分布特征： 礁栖鱼类，出现于海岸至外礁坡斜坡，通常停歇于珊瑚的基部；栖息水深范围为4～46 m，通常为10～20 m；分布于印度洋-太平洋海域。

生态习性： 以甲壳类或小型鱼类为食。

功能类群： 肉食性-一般肉食型。

濒危等级： 无危(LC)。

潜在危害： 无害。

优势度： 稀有种。

遇见指数： ☆☆☆。

【134】尖头金鳊 *Cirrhitichthys oxycephalus*

英文名： Coral hawkfish

形态特征： 体色多变，体呈灰色，体表密布灰色至黑色斑点，或体呈粉红色，体表密布亮红色斑点。背鳍和尾鳍分布的斑点与体表上斑点的颜色相似。

分布特征： 礁栖鱼类，出现于海岸至外礁坡斜坡，通常停歇于珊瑚的枝头；栖息水深范围为1～40 m，通常为10～25 m；分布于印度洋-太平洋海域。

生态习性： 以甲壳类或小型鱼类为食。

功能类群： 肉食性-一般肉食型。

濒危等级： 无危(LC)。

潜在危害： 无害。

优势度： 稀有种。

遇见指数： ☆☆☆。

70. 鳊属 Genus *Cirrhitus*

【135】鳊 *Cirrhitus pinnulatus*

英文名： Stocky hawkfish

形态特征： 体呈浅棕色，腹部白色，体表有白色和深棕色斑点。各鳍淡色至淡黄，背鳍、臀鳍和尾鳍具红褐色斑点。

分布特征： 礁栖鱼类，栖息于有涌浪冲击的珊瑚礁边缘和海岸边沿；栖息水深范围为0～23 m，通常为1～3 m；分布于印度洋-太平洋海域。

生态习性： 主要以蟹类为食，也吃其他甲壳类、小鱼、海胆和脆弱的海星。

功能类群： 肉食性-一般肉食型。

濒危等级： 无危(LC)。

潜在危害： 无害。

优势度： 稀有种。

遇见指数： ☆☆☆。

71. 副鳞属 Genus *Paracirrhites*

【136】副鳞 *Paracirrhites arcatus*

英文名：Arc-eye hawkfish

形态特征：体色多变，显著特征为眼后有1独特的环状花纹。各鳍橙黄色。

分布特征：礁栖鱼类，出现于潟湖和向海礁区，通常趴在枝状珊瑚的枝头；栖息水深范围为1～91 m，通常为1～33 m；分布于印度洋-太平洋海域。

生态习性：主要以虾、蟹和其他甲壳类或小鱼为食。

功能类群：肉食性-一般肉食型。

濒危等级：无危(LC)。

潜在危害：无害。

优势度：常见种。

遇见指数：☆☆☆☆☆。

（二十八）隆头鱼科 Family Labridae

本科种类繁多，体形、体色和生态习性均差异较大。一般体呈椭圆形或延长。口小或中型，端位，可伸缩；唇上有肉。体被圆鳞，头部除鳃盖有时覆盖有鳞外皆裸露；侧线连续或中断。背鳍单一，连续且长。食性复杂，种间差异大；部分种类存在性逆转。本书记录 17 属 35 种。

72. 阿南鱼属 Genus *Anampses*

【137】荧斑阿南鱼 *Anampses caeruleopunctatus*

英文名： Bluespotted wrasse

形态特征： 体较长，上下颌前方各有1对向前伸出门状齿，体色随其生长阶段不同而有所差异。幼鱼体呈黄绿色至淡黄褐色，头部、体侧、背鳍和臀鳍分布有大小不一的黑色斑点。雌鱼体色为棕色至橙棕色，每个鳞片上有1深色边的浅蓝色斑点；腹部偏红；头部和胸部有多条带黑边的蓝色线纹；背鳍和臀鳍的鳍膜偏红，具有2～3列蓝色纹路，边缘蓝色；尾鳍也有细小蓝色斑点。雄鱼蓝绿色；每个鳞片有1垂直纹；头部腹面稍显蓝色，吻上下唇蓝色，眼之间有1蓝色宽带；胸鳍上方的体侧具1垂直的黄绿色宽带；各鳍蓝色；背鳍和臀鳍具红褐色带，尾鳍上下缘具褐色宽边。

分布特征： 礁栖鱼类，成鱼发现于珊瑚礁和岩礁区的浪涌带；栖息水深范围为3～30 m；分布于印度洋-西太平洋海域。

生态习性： 单独或成对出现；幼鱼头朝下游动，身体慢慢起伏，看起来像水流中漂浮的叶子；幼鱼主要以小型甲壳类和多毛类为食，成鱼则以大型甲壳类、软体动物和多毛类为食。

功能类群： 肉食性-食大型无脊椎动物型。

濒危等级： 数据缺乏(DD)。

潜在危害： 无害。

优势度： 稀有种。

遇见指数： ☆。

73. 尖嘴鱼属 Genus *Gomphosus*

【138】杂色尖嘴鱼 *Gomphosus varius*

英文名： Bird wrasse

形态特征： 吻部突出呈管状。幼鱼蓝绿色，体侧有2黑色纵带；吻较不突出。雄鱼深蓝色；各鳍淡绿色，尾鳍具新月形纹。雌鱼体前部淡褐色，后部深褐色。

分布特征： 礁栖鱼类，发现于潟湖和向海礁区中珊瑚丰富区域；栖息水深范围为1～35 m，通常为2～30 m；分布于印度洋-太平洋海域。

生态习性： 一般单独出现；主要以小型底栖甲壳类为食，有时以小鱼、海蛇尾和软体动物为食。

功能类群： 肉食性-食小型无脊椎动物型。

濒危等级： 无危(LC)。

潜在危害： 无害。

优势度： 一般种。

遇见指数： ☆☆☆☆☆。

74. 锦鱼属 Genus *Thalassoma*

【139】钝头锦鱼 *Thalassoma amblycephalum*

英文名： Bluntheaded wrasse

形态特征： 雄鱼颜色鲜艳，体红色；头部通常为绿色，其后有黄色条带分布于体侧；体侧具绿色垂直短纹；颊部和鳃盖具2金黄色斜纹；胸鳍黄色，外侧具黑边蓝斑。雌鱼自吻部至尾鳍基部有黑色宽带，宽带以上的头部和体侧为绿色，宽带下方为白色；尾鳍白色，上下鳍缘为橙色。幼鱼具有独特的颜色和圆圆的吻部。

分布特征： 礁栖鱼类，主要出现于浅潟湖和礁滩区；栖息水深范围为1～15 m；分布于印度洋-太平洋海域。

生态习性： 成鱼多以一雄多雌的群居生活，幼鱼则成群在有珊瑚覆盖的礁区巡游，偶尔也会游动到远离礁盘2 m左右的水层中摄食；主要以浮游甲壳动物为食。

功能类群： 杂食性-日行浮游食型。

濒危等级： 无危(LC)。

潜在危害： 无害。

优势度： 优势种。

遇见指数： ☆☆☆☆☆。

【140】鞍斑锦鱼 *Thalassoma hardwicke*

英文名： Sixbar wrasse

形态特征： 体呈淡绿色；体侧有6深色横纹，横纹向后渐短，最后2横纹在尾柄处呈鞍状；体后部具粉色条纹。头部具不规则粉红色带；颈背部具2黑色带。体色与生长阶段有关，相对于鱼类生长初始阶段，成熟阶段体色更为鲜艳。

分布特征： 礁栖鱼类，为常见的隆头科鱼类，出现于浅潟湖和向海礁区；栖息水深范围为0～15 m；分布于印度洋-太平洋海域。

生态习性： 小群出现；主要以底栖或浮游甲壳类、小鱼和有孔虫为食。

功能类群： 肉食性-一般肉食型。

濒危等级： 无危(LC)。

潜在危害： 无害。

优势度： 一般种。

遇见指数： ☆☆☆☆。

【141】纵纹锦鱼 *Thalassoma quinquevittatum*

英文名： Fivestripe wrasse

形态特征： 雄鱼的腹部通常呈鲜亮的黄色，体背部有2不均匀的红色条纹，1从背鳍下缘到尾鳍上缘，另1从胸鳍上缘至尾鳍基部；胸鳍深色，基部绿色。

分布特征： 礁栖鱼类，通常发现于水质清澈的潟湖外礁和向海礁区，在有排水沟、大块鹿角珊瑚和藻类底质的浪涌通道丰度较高；栖息水深范围为0～40 m，通常为1～5 m；分布于印度洋-太平洋海域。

生态习性： 主要以底栖甲壳类（虾、蟹）、小鱼、腹足类和海胆为食。

功能类群： 肉食性-一般肉食型。

濒危等级： 无危(LC)。

潜在危害： 无害。

优势度： 优势种。

遇见指数： ☆☆☆☆☆。

75. 粗唇鱼属 Genus *Hemigymnus*

【142】横带粗唇鱼 *Hemigymnus fasciatus*

英文名： Barred thicklip

形态特征： 不同年龄和性别体色有所变化。体呈黑色；体侧有5白色横带。头部浅黄色或浅绿色，并有蓝边的粉红色带。尾鳍为黑色或略带黄色。幼鱼眼部具辐射状白色条带。

分布特征： 礁栖鱼类，主要发现于珊瑚礁区和礁滩；栖息水深范围为1～25 m；分布于印度洋-太平洋海域。

生态习性： 主要以小型甲壳类、软体动物和棘皮动物为食。

功能类群： 肉食性-食小型无脊椎动物型。

濒危等级： 无危(LC)。

潜在危害： 无害。

优势度： 少见种。

遇见指数： ☆☆☆。

【143】黑鳍粗唇鱼 *Hemigymnus melapterus*

英文名： Blackeye thicklip

形态特征： 幼鱼深褐色，背鳍前部到腹部有1略微倾斜的白色条带。成鱼体前部和头部颜色淡，体部自背鳍起点至臀鳍起点之后为黑色，且每鳞片有1蓝色或蓝绿色横纹；眼周围有辐射状条带，眼后有1黑斑。

分布特征： 礁栖鱼类，发现于潮下礁滩、潟湖和向海礁区，幼鱼出现于近岸的枝状珊瑚中，成鱼则出现在沙、碎石和珊瑚混合底质区域；栖息水深范围为1～30 m，通常为5～30 m；分布于印度洋-太平洋海域。

生态习性： 用肥厚的嘴唇拱开砂石以获取其中生长的无脊椎动物，主要以小型无脊椎动物为食，尤其是甲壳类、多毛类、软体动物和海蛇尾。

功能类群： 肉食性-食大型无脊椎动物型。

濒危等级： 无危(LC)。

潜在危害： 无害。

优势度： 少见种。

遇见指数： ☆☆☆。

76. 裂唇鱼属 Genus *Labroides*

【144】双色裂唇鱼 *Labroides bicolor*

英文名： Bicolor cleaner wrasse

形态特征： 幼鱼体呈白色，在吻端经眼部至体后端有黑色纵带，随年龄增长，黑带从后端逐渐消失；尾鳍白色，边缘黑色。幼鱼长至成鱼后，体侧的黑带消失，体前半部深色，后半部淡色或偏黄，体鳞常具1黑点；各鳍黑色，背鳍和臀鳍边缘白色；尾鳍圆形，成鱼淡色或偏黄，末端有1黑色环纹；上下鳍缘末端白色。

分布特征： 礁栖鱼类，一般出现于潟湖和岩礁区；栖息水深范围为2～40 m，通常为2～20 m；分布于印度洋-太平洋海域。

生态习性： 以其他鱼类身体上的寄生虫或坏死组织为食，“鱼医生”中的一种。

功能类群： 肉食性-食寄生虫型。

濒危等级： 无危(LC)。

潜在危害： 无害。

优势度： 一般种。

遇见指数： ☆☆☆☆☆。

【145】裂唇鱼 *Labroides dimidiatus*

英文名： Bluestreak cleaner wrasse

形态特征： 体白色，体背部深色，体侧自吻部至尾鳍具有1渐宽的黑色带。背鳍硬棘间有1黑色斑点；臀鳍白色，基部具黑色纵带；尾鳍上下叶白色。

分布特征： 礁栖鱼类，栖息于珊瑚丰富的潟湖和向海礁区；栖息水深范围为1～40 m；分布于印度洋-太平洋海域。

生态习性： 以其他鱼类的黏液和体外寄生的甲壳类寄生虫为食，因此被称为“鱼医生”；一雄一雌，有些成鱼独居且具领域性，常见于其他鱼类需要清洁的地方，当一个不熟悉的“顾客”到来时，会有舞蹈般动作的欢迎仪式，尾巴随身体上下摆动，当潜水员靠近时，部分个体也会表现出该行为。

功能类群： 肉食性-食寄生虫型。

濒危等级： 无危(LC)。

潜在危害： 无害。

优势度： 优势种。

遇见指数： ☆☆☆☆☆。

【146】胸斑裂唇鱼 *Labroides pectoralis*

英文名： Blackspot cleaner wrasse

形态特征： 主要特征为头部为黄色，胸鳍基部有黑色斑点。

分布特征： 礁栖鱼类，栖息于向海礁区和清澈潟湖中的珊瑚丰富区域；栖息水深范围为2～30 m；分布于太平洋海域。

生态习性： 单独或成对出现；“鱼医生”的一种，以其他鱼类体外甲壳类寄生虫和黏液为食。

功能类群： 肉食性-食寄生虫型。

濒危等级： 无危(LC)。

潜在危害： 无害。

优势度： 稀有种。

遇见指数： ☆☆。

77. 紫胸鱼属 Genus *Stethojulis*

【147】黑星紫胸鱼 *Stethojulis bandanensis*

英文名： Red shoulder wrasse

形态特征： 侧线为“乙”字状。雄鱼体色上半部蓝色至灰绿色，下半部淡蓝色，两区域有1淡蓝色细纹相隔；胸鳍基部上方有1新月形红色斑块；头部具4蓝线纹。雌鱼主要为蓝灰色，体侧上部有细小的白色斑点；胸鳍基部上方有1红色斑点。

分布特征： 礁栖鱼类，通常发现于礁滩、潟湖和向海礁区的浅水清澈区域；栖息水深范围为3～30 m；分布于印度洋-太平洋海域。

生态习性： 独居或小群居，一般为一雄多雌，雄鱼具有领域性；主要以底栖或浮游性的甲壳类及其他小型底栖无脊椎动物为食。

功能类群： 肉食性-食小型无脊椎动物型。

濒危等级： 无危(LC)。

潜在危害： 无害。

优势度： 稀有种。

遇见指数： ☆☆☆。

78. 大咽齿鱼属 Genus *Macropharyngodon*

【148】珠斑大咽齿鱼 *Macropharyngodon meleagris*

英文名： Blackspotted wrasse

形态特征： 幼鱼和雌鱼体呈白色至绿色，体表有不规则的黑色斑点分布。雄鱼为橙红色，体表鳞片有边缘为蓝色和黑色的黄绿色斑点；头部有斑点和条纹；腹鳍短小，不到肛门位置。

分布特征： 礁栖鱼类，主要栖息于礁滩、潟湖外缘和向海礁区，通常出现在沙、碎石和珊瑚混合底质的区域；栖息水深范围为0～30 m；分布于印度洋-太平洋海域。

生态习性： 独居或小群居，一般为一雄多雌；主要以腹足类、小虾、多毛类、有壳动物和有孔虫为食。

功能类群： 肉食性-食小型无脊椎动物型。

濒危等级： 无危(LC)。

潜在危害： 无害。

优势度： 稀有种。

遇见指数： ☆☆☆。

【149】胸斑大咽齿鱼 *Macropharyngodon negrosensis*

英文名：Yellowspotted wrasse

形态特征：体呈长形而侧扁；头高、吻尖；体呈黑褐色。成年雄鱼每鳞片均具蓝白色横线，头部具不规则的蓝白带；雄鱼的尾鳍上下缘具宽黑带。幼鱼和雌鱼身体和头部具有较多细小白点。胸鳍圆形、透明，基部黑色；背鳍和臀鳍黑褐色，具白色斜纹；尾鳍圆形、透明，鳍条上具成列的黑点。

分布特征：礁栖鱼类，栖息于潟湖或向海礁区中沙与珊瑚混合底质水域；栖息水深范围8～32 m；分布于东印度洋-西太平洋海域。

生态习性：单独或成小群活动；以小虾、软体动物、海星、多毛类等为食。

功能类群：肉食性-食小型无脊椎动物型。

濒危等级：无危(LC)。

潜在危害：无害。

优势度：稀有种。

遇见指数：☆☆☆。

79. 海猪鱼属 Genus *Halichoeres*

【150】双睛斑海猪鱼 *Halichoeres biocellatus*

英文名： Red-lined wrasse

形态特征： 幼鱼色淡，全身有多条橙色至橙红色纵纹；背鳍上有2眼斑，分别位于背鳍中央和末端；尾柄上部也有1类似的小眼斑。雌鱼体呈绿色；头部具有多条橙色至橙红色纵纹，延伸至体侧前半部后逐渐散开呈点状排列；眼后具1绿斑；背鳍上有与幼鱼类似的眼斑。雄鱼与雌鱼类似，但无眼斑。

分布特征： 礁栖鱼类，通常发现于含有砂块的珊瑚和礁石混合底质的水域；栖息水深范围为6～35 m；分布于西太平洋海域。

生态习性： 一般小群出现；以带壳的小型无脊椎动物为食。

功能类群： 肉食性-食小型无脊椎动物型。

濒危等级： 无危(LC)。

潜在危害： 无害。

优势度： 稀有种。

遇见指数： ☆☆☆。

【151】金色海猪鱼 *Halichoeres chrysus*

英文名： Canary wrasse

形态特征： 体呈鲜亮的黄色；头部和胸部黄橙色；背鳍第Ⅰ硬棘间和背鳍中部各有1白边黑点。

分布特征： 礁栖鱼类，发现于礁区边缘沙底和碎石底的海域；栖息水深范围为2～70 m，通常为15～60 m；分布于印度洋东部海域。

生态习性： 一般小群出现；以带壳的小型无脊椎动物为食。

功能类群： 肉食性-食小型无脊椎动物型。

濒危等级： 无危(LC)。

潜在危害： 无害。

优势度： 稀有种。

遇见指数： ☆☆☆。

【152】圃海海猪鱼 *Halichoeres hortulanus*

英文名： Checkerboard wrasse

形态特征： 体色随地理分布和生长阶段的不同而有所差异。幼鱼体呈白色；头部黑色；背鳍中间有1黄边黑色斑点；随成长逐渐变为成鱼体色。成鱼鳞片有1垂直横纹，背侧横纹较大；背部有1～2黄色鞍状斑纹，有时其上有黑色小点，头部绿色带有粉色条带；尾鳍黄色。雌鱼体呈白色；雄鱼体呈蓝绿色，尾鳍橙红色具黄色斑点。

分布特征： 礁栖鱼类，栖息于潟湖和向海礁区水深30 m的沙地，也栖息于斜坡上中等深度位置；栖息水深范围为1～30 m；分布于印度洋-太平洋海域。

生态习性： 夜晚躲藏于沙中休息，白天在礁区或沙地中捕食；主要以有硬壳的动物为食，如软体动物、甲壳类和海胆。

功能类群： 肉食性-食小型无脊椎动物型。

濒危等级： 无危(LC)。

潜在危害： 无害。

优势度： 常见种。

遇见指数： ☆☆☆☆☆。

【153】绿鳍海猪鱼 *Halichoeres marginatus*

英文名： Dusky wrasse

形态特征： 幼鱼体呈黑色；体表有多条不连续的淡黄色细纵线；背鳍和臀鳍黑色，背鳍前、中、后各有1黄边黑色斑点，中部的斑点较大；尾鳍白色。雌鱼体呈黑褐色，头部布满条纹；体侧的每块鳞片均具有暗点，各暗点成列。雄鱼为暗绿色至橙褐色；体侧鳞片上的岸边为紫蓝色，也成列；尾鳍有2新月形的蓝边黄绿色横带。

分布特征： 礁栖鱼类，栖息于潟湖和向海礁区，沿着珊瑚丰富区域的边缘上方分布；栖息水深范围为0～30 m；分布于印度洋-太平洋海域。

生态习性： 以各种小型无脊椎动物（如甲壳类、软体动物、多毛类等）、有孔虫和鱼卵为食。

功能类群： 肉食性-食小型无脊椎动物型。

濒危等级： 无危(LC)。

潜在危害： 无害。

优势度： 稀有种。

遇见指数： ☆。

【154】云纹海猪鱼 *Halichoeres nebulosus*

英文名： Nebulous wrasse

形态特征： 雌鱼体上半部黄褐色，腹部颜色淡，具有大小不一的白斑；腹部后缘有1较大粉红色斑；鳃盖膜有1黑斑；眼后和背鳍前有1小黑斑。雄鱼体呈橄榄绿色，体表有红褐色小点，或成斑驳状；腹部粉红色斑淡或无；头部绿色，有多条红色条纹，其中2红色条纹从眼穿过至口角；眼下有1弯条纹；背鳍淡黄至黄褐色，表面有不规则斑点，背鳍中部有1黑斑。

分布特征： 礁栖鱼类，在礁滩、礁区边缘和岩岸中成群出现，幼鱼栖息于砂石底，成鱼一般出现于浅水礁盘或有海藻丛生的潟湖中；栖息水深范围为1～40 m；广泛分布于印度洋-西太平洋海域。

生态习性： 喜独行；以底栖动物为食。

功能类群： 肉食性-食小型无脊椎动物型。

濒危等级： 无危(LC)。

潜在危害： 无害。

优势度： 稀有种。

遇见指数： ☆☆☆。

【155】三斑海猪鱼 *Halichoeres trimaculatus*

英文名： Threespot wrasse

形态特征： 背部浅绿色至黄色，背部以下为白色。鳞片边缘粉红色至黑色。胸鳍基部上方有1黑斑；尾鳍基部上方也有1同眼径大小的黑斑。

分布特征： 礁栖鱼类，栖息于礁滩、潟湖和半封闭向海礁区的沙底区域；栖息水深范围为2～30 m，通常为2～18 m；分布于印度洋-太平洋海域。

生态习性： 以沙、石中的无脊椎动物（如甲壳类、软体动物、有孔虫、多毛类等），以及鱼卵和小鱼为食，有追踪扰动沙石鱼类（如羊鱼科鱼类）的习性，以便拦截逃跑的猎物。

功能类群： 肉食性-食小型无脊椎动物型。

濒危等级： 无危(LC)。

潜在危害： 无害。

优势度： 稀有种。

遇见指数： ☆☆☆。

80. 细鳞盔鱼属 Genus *Hologymnosus*

【156】环纹细鳞盔鱼 *Hologymnosus annulatus*

英文名： Ring wrasse

形态特征： 幼鱼体下半部为黑色，上半部黄色；背鳍基部附近有1黑色细纵带。雌鱼体色为褐色至橄榄褐色；体侧有多条暗褐色垂直条带；鳃盖膜具蓝黑色斑点；尾鳍末端有1新月形白色斑纹。雄鱼背部为蓝色，以下为蓝绿色；尾鳍蓝色，有新月形的绿色斑纹。

分布特征： 礁栖鱼类，通常发现于近海礁坡的珊瑚礁和岩石基底区域；栖息水深范围为8～40 m；分布于印度洋-太平洋海域。

生态习性： 主要以小鱼为食，也以甲壳类为食。

功能类群： 肉食性-一般肉食型。

濒危等级： 无危(LC)。

潜在危害： 无害。

优势度： 少见种。

遇见指数： ☆☆☆。

【157】狭带细鳞盔鱼 *Hologymnosus doliatus*

英文名：Pastel ringwrasse

形态特征：幼鱼体呈白色，体表有3橙红条纹。雌鱼体呈绿色、蓝色或粉红色；体侧有多条垂直的橙褐色短带；鳃盖膜有1蓝黑斑。雄鱼体呈淡蓝绿色至淡红色；头部蓝色至蓝绿色，并有多条粉红橙色条纹；体侧的垂直条带为淡蓝紫色；从背鳍前段到腹部有1淡色的横带；尾柄有2～3纵带。

分布特征：礁栖鱼类，栖息于向海礁区，底质通常为砂石和珊瑚混合；栖息水深范围为1～35 m，通常为5～30 m；分布于印度洋-太平洋海域。

生态习性：通常小群聚居，雄鱼独居且具有领域性；主要以鱼类和甲壳类为食，也摄食棘皮类和多毛类。

功能类群：肉食性-一般肉食型。

濒危等级：无危(LC)。

潜在危害：无害。

优势度：稀有种。

遇见指数：☆。

81. 盔鱼属 Genus *Coris*

【158】鳃斑盔鱼 *Coris aygula*

英文名：Clown coris

形态特征：体呈褐色；体中至尾柄间有约12暗棕色横纹。尾柄每侧有由鳞片小棘特化、呈白色的4倒钩。背鳍2，第一背鳍位于鳃孔上方，棘强且长；尾鳍深褐色，边缘黄色；其余各鳍为淡黄色。

分布特征：礁栖鱼类，出现于向海礁区、潟湖和岩礁区中的沙地和碎石中；栖息水深范围为2～30 m；分布于印度洋-太平洋海域。

生态习性：成鱼独行，幼鱼则在潮池中较为常见；白天在沙地或碎石区觅食带有硬壳的无脊椎动物，如甲壳类、软体动物和海胆，夜晚也躲于沙底栖息。

功能类群：肉食性-食大型无脊椎动物型。

濒危等级：无危(LC)。

潜在危害：无害。

优势度：稀有种。

遇见指数：☆

【159】露珠盔鱼 *Coris gaimard*

英文名： African coris

形态特征： 不同生长阶段体色有所差异。幼鱼体色鲜艳，体呈橙红色，背部有3带黑边的白色斑块，较为容易辨认。成鱼身体后半部较暗且散布有蓝色小点，头部有多条条纹。雄鱼体色为橄榄褐色，雌鱼为黄褐色。尾鳍呈亮黄色。

分布特征： 礁栖鱼类，通常发现于珊瑚、沙和碎石混合底质的外礁滩、潟湖和向海礁区；栖息水深范围为1～50 m；分布于太平洋海域。

生态习性： 主要以软体动物、蟹和寄居蟹为食，偶食被囊类和有孔虫。

功能类群： 肉食性-食大型无脊椎动物型。

濒危等级： 无危(LC)。

潜在危害： 有雪卡毒素中毒报道。

优势度： 稀有种。

遇见指数： ☆☆☆。

82. 唇鱼属 Genus *Cheilinus*

【160】横带唇鱼 *Cheilinus fasciatus*

英文名： Redbreasted wrasse

形态特征： 体呈白色或粉红色；体侧有7黑色的垂直宽条带。各鳞片有黑色横纹。头部具有1较大红色区域。雄鱼尾鳍上下叶延长。

分布特征： 礁栖鱼类，成鱼主要栖息于潟湖和向海礁区，底质通常为珊瑚、沙和碎石混合的地区，幼鱼则通常出现于沿着藻类和沙地边缘、含有粉砂的礁区；栖息水深范围为4～60 m，通常为4～40 m；分布于印度洋-太平洋海域。

生态习性： 主要以有壳的底栖无脊椎动物为食，包括软体动物、甲壳类和海胆。

功能类群： 肉食性-食大型无脊椎动物型。

濒危等级： 无危(LC)。

潜在危害： 无害。

优势度： 常见种。

遇见指数： ☆☆☆☆☆。

【161】三叶唇鱼 *Cheilinus trilobatus*

英文名： Tripletail wrasse

形态特征： 幼鱼白色或淡绿色。成鱼红褐色，头部绿色。体侧鳞片上均有1垂直的红色条纹。头部和胸部有红色的点和不规则的线纹。眼部有辐射状的线纹。成年大个体尾鳍上、中、下叶延长呈三叶状。

分布特征： 礁栖鱼类，栖息于潟湖和向海礁区，通常在沿着珊瑚覆盖率较高的浅礁边缘位置相对较为常见；栖息水深范围为1～30 m；分布于印度洋-太平洋海域。

生态习性： 主要以有壳的底栖无脊椎动物为食，如软体动物和甲壳类，偶尔也吃鱼。

功能类群： 肉食性-食大型无脊椎动物型。

濒危等级： 无危(LC)。

潜在危害： 无害。

优势度： 稀有种。

遇见指数： ☆☆☆。

【162】波纹唇鱼 *Cheilinus undulatus*

英文名： Humphead wrasse

形态特征： 体呈卵圆形。口端位，唇厚。体被大型圆鳞。幼鱼体呈浅绿色，鳞片具黑纹；眼后与吻部分别具有2水平向斜后延伸的黑色线纹。成鱼体呈蓝绿色或绿色，体侧鳞片均具有黑色至深紫色线纹；前额部突出，随生长愈发明显；头部具橙黄色和绿色的网状线纹；背鳍和臀鳍后部鳍条延长至尾鳍基部；尾鳍圆形。

分布特征： 礁栖鱼类，幼鱼栖息于珊瑚丰富区域，成鱼栖息于陡峭的外礁坡、水道斜坡和潟湖礁区；栖息水深范围为1～100 m；分布于印度洋-太平洋海域。

生态习性： 通常单独活动，有时也会成对出现；成鱼白天在礁石上游弋，晚上在礁石洞穴和珊瑚礁石下休息；主要食物是软体动物、鱼类、海胆、甲壳类和其他无脊椎动物，是少数几种有毒动物的捕食者之一，如海蛞蝓、箱鲀和长棘海星。

功能类群： 肉食性-一般肉食型。

濒危等级： 濒危(EN)。

潜在危害： 有雪卡毒素中毒报道。

优势度： 稀有种。

遇见指数： ☆。

83. 尖唇鱼属 Genus *Oxycheilinus*

【163】双线尖唇鱼 *Oxycheilinus digramma*

英文名： Cheeklined wrasse

形态特征： 体色多变，橙红色至橄榄绿色。头部鳃盖下缘有多条红色平行线。与单带尖唇鱼（*Oxycheilinus unifasciatus*）不同的是尾部没有白色横带，眼部也没有延伸至胸鳍基部上方的辐射条纹。

分布特征： 礁栖鱼类，通常发现于珊瑚丰富的潟湖和向海礁区；栖息水深范围为3～60 m；分布于印度洋-太平洋海域。

生态习性： 单独出现，会通过改变体色拟态羊鱼科鱼类并与其一同游弋，捕获羊鱼科鱼类漏掉的猎物；生性好奇，常会靠近潜水员；以有硬壳的软体动物、甲壳类和海胆为食。

功能类群： 肉食性-食大型无脊椎动物型。

濒危等级： 无危(LC)。

潜在危害： 无害。

优势度： 稀有种。

遇见指数： ☆。

【164】单带尖唇鱼 *Oxycheilinus unifasciatus*

英文名： Ringtail maori wrasse

形态特征： 体侧每鳞片具1横纹。眼部有多条辐射状条纹，其中2辐射状条纹延伸至鳃盖后缘胸鳍基部上方。尾柄前具白色横带。背鳍鳍膜无缺刻；各鳍红褐色，腹鳍末端白色。

分布特征： 礁栖鱼类，通常出现在珊瑚丰富的清澈潟湖和向海礁区；栖息水深范围为1～160 m；分布于印度洋-太平洋海域。

生态习性： 单独出现，一般悬停在水底上方；主要以鱼类、虾类及其他甲壳类为食。

功能类群： 肉食性-食大型无脊椎动物型。

濒危等级： 无危(LC)。

潜在危害： 有雪卡毒素中毒报道。

优势度： 少见种。

遇见指数： ☆☆☆。

84. 丝隆头鱼属 Genus *Cirrhilabrus*

【165】黑缘丝隆头鱼 *Cirrhilabrus melanomarginatus*

英文名：Blackfin fairy-warsse

形态特征：体黑褐色，腹部颜色淡。背鳍中央至后端有红色斑纹，向前渐细或消失；臀鳍红色，基部灰色；胸鳍透明，基部略带黄色；腹鳍和尾鳍黑褐色。

分布特征：礁栖鱼类，主要栖息于近海礁区礁石底部；栖息水深范围为6～40 m，通常为8～25 m；分布于西太平洋海域。

生态习性：日行性；食性不详。

功能类群：不详。

濒危等级：无危(LC)。

潜在危害：无害。

优势度：常见种。

遇见指数：☆☆☆☆。

85. 美鳍鱼属 Genus *Novaculichthys*

【166】花尾美鳍鱼 *Novaculichthys taeniourus*

英文名： Rockmover wrasse

形态特征： 成鱼体呈灰色，前腹部有1红色区域；背鳍第Ⅰ、第Ⅱ棘皆有1黑点；胸鳍基部下方有1圆形黑色带；尾鳍基部有1白色短带。幼鱼体呈红色、绿色或褐色；体中部有4列不规则的黑边白点；眼周围有黑边白色辐射纹路。

分布特征： 礁栖鱼类，栖息于半裸露的礁坪、潟湖和向海礁区，常见于砂石和碎石混合底质区域，易受轻微浪涌影响；栖息水深范围为3～25 m；分布于印度洋-太平洋海域。

生态习性： 一般单独活动；幼鱼游动形似随波逐流的叶子；成鱼则大块礁石区域附近游动，并利用口拽、拉、推等方式，翻转或以移动大的碎石，以捕获藏于其中的猎物；以底栖动物为食，如软体动物、海胆、海星、多毛类和蟹。

功能类群： 肉食性-食大型无脊椎动物型。

濒危等级： 未评估(NE)。

潜在危害： 无害。

优势度： 一般种。

遇见指数： ☆☆☆。

86. 伸口鱼属 Genus *Epibulus*

【167】伸口鱼 *Epibulus insidiator*

英文名： Sling-jaw wrasse

形态特征： 体色多变，随栖息地而改变体色深浅。幼鱼体棕色，体侧有白色横条纹。成鱼一般为黄色。雌鱼或亚成鱼为棕色。成熟的雄鱼体色深，头部白色，眼部有1水平方向穿过的黑色条纹，背部有橙色至黄色的斑块。口可伸展成管状，长度可达体长一半，具有很强的吸力来捕捉猎物。

分布特征： 礁栖鱼类，栖息于珊瑚丰富的潟湖和向海礁区；栖息水深范围为1～42 m；分布于印度洋-太平洋海域。

生态习性： 通常单独出现；以小型珊瑚中的小型甲壳类和鱼类为食。幼鱼能够像叶子一样随水流漂移。

功能类群： 肉食性-食小型无脊椎动物型。

濒危等级： 无危(LC)。

潜在危害： 有雪卡毒素中毒报道。

优势度： 稀有种。

遇见指数： ☆☆。

87. 普提鱼属 Genus *Bodianus*

【168】似花普提鱼 *Bodianus anthioides*

英文名： Lyretail hogfish

形态特征： 体前半部深红色，后半部为带粉的白色，并散布有许多不规则黑褐色小点。背鳍后部较高；尾鳍深凹形，上下叶延长并带有黑色带。

分布特征： 礁栖鱼类，成鱼生活于向海礁区，一般出现于无脊椎动物丰富的礁区，如柳珊瑚、海鞭和黑珊瑚等；栖息水深范围为6～60 m；分布于印度洋-太平洋海域。

生态习性： 通常单独出现，白天在礁区寻找底栖动物为食，夜间藏于礁石缝隙中休息。

功能类群： 肉食性-食小型无脊椎动物型。

濒危等级： 无危(LC)。

潜在危害： 无害。

优势度： 稀有种。

遇见指数： ☆☆。

【169】腋斑普提鱼 *Bodianus axillaris*

英文名： Axilspot hogfish

形态特征： 幼鱼和雌鱼容易分辨，其体色为黑色并有大的白色斑块。雄鱼体前部呈紫褐色，后半部黄红色。成鱼在背鳍、臀鳍的软鳍条部分，胸鳍基底和臀鳍软条有大的黑色斑点。

分布特征： 礁栖鱼类，成鱼栖息于清澈的潟湖和向海的礁区，常见于1～8 m处清澈的浅水中，偶然在27 m以下见到大型个体，幼鱼出现于洞穴或岩壁下；栖息水深范围为2～100 m，通常为2～40 m；分布于印度洋-太平洋海域。

生态习性： 通常单独出现，幼鱼作为“鱼医生”清洁其他鱼类体表（成鱼有时也这么做），成鱼主要以底栖的、带有硬壳的无脊椎动物为食，如软体动物和甲壳类。

功能类群： 肉食性-食小型无脊椎动物型。

濒危等级： 无危(LC)。

潜在危害： 无害。

优势度： 少见种。

遇见指数： ☆☆☆。

【170】双带普提鱼 *Bodianus bilunulatus*

英文名：Tarry hogfish

形态特征：幼鱼体侧前大半部白色，后小半部从背鳍中部、臀鳍开始至尾柄前部为黑色；头背部至背鳍中部鲜黄色；尾柄白色；尾鳍透明。成鱼体上半部粉红色至红色，腹部颜色淡；体侧具纵纹；眼部前方有红色斑纹，下方有1白色斑块从下颌延伸至鳃盖边缘；背鳍后基部有1较大黑色斑块延伸至尾柄上部，背鳍透明至粉红色；尾鳍粉红。

分布特征：礁栖鱼类，成鱼通常栖息于海绵等无脊椎动物丰富、水深较深的礁坡上；栖息水深范围为3～160 m；分布于印度洋-西太平洋海域。

生态习性：通常独居于珊瑚礁和岩礁中；以底栖、带有硬壳的无脊椎动物为食，如软体动物和甲壳类。

功能类群：肉食性-食鱼型。

濒危等级：无危(LC)。

潜在危害：无害。

优势度：稀有种。

遇见指数：☆。

88. 拟唇鱼属 Genus *Pseudocheilinus*

【171】八带拟唇鱼 *Pseudocheilinus octotaenia*

英文名：Eight-lined wrasse

形态特征：体黄褐色，体表有8紫色或紫褐色的长纵线，头部有许多橙黄色斑点。

分布特征：礁栖鱼类，栖息于向海礁区中的碎石和活珊瑚中，通常出现于富含无脊椎动物的洞穴和缝隙中；栖息水深范围为2～50 m；分布于印度洋-太平洋海域。

生态习性：主要底栖甲壳类为食，也吃小型软体动物、棘皮类、鱼卵和蟹幼体。

功能类群：肉食性-食小型无脊椎动物型。

濒危等级：无危(LC)。

潜在危害：无害。

优势度：优势种。

遇见指数：☆☆☆☆☆。

（二十九）鹦嘴鱼科 Family Scaridae

体呈椭圆形，略侧扁。体色会随其生长而改变。吻圆钝；口小，端位，不外突也不可伸缩；唇厚；颌齿愈合成鸟嘴状齿板。体被大型鳞。背鳍单一。主要栖息于岸边珊瑚礁区或岩礁区。日行性，白天于礁区间穿梭觅食，夜间则躲于礁体或岩块下睡觉，有的种会分泌黏液将自身包裹起来或封在洞口躲避敌害，有的种会钻入沙中躲避。本书记录 5 属 14 种。

89. 大鹦嘴鱼属 Genus *Bolbometopon*

【172】驼背大鹦嘴鱼 *Bolbometopon muricatum*

英文名：Green humphead parrotfish

形态特征：成熟初期体呈暗灰色，体侧分布有白色斑点。成熟末期体呈深绿色至绿褐色，头部前缘通常为淡绿色至粉红色。头部轮廓垂直。

分布特征：礁栖鱼类，幼鱼栖息于潟湖，成鱼生活于水深至少为30 m的向海礁区和潟湖外围；栖息水深范围为1～40 m；分布于印度洋-太平洋海域。

生态习性：通常以小群出现；以底栖藻类、活珊瑚和贝类为食，利用头部撞击珊瑚，以方便进食珊瑚。

功能类群：珊瑚食性-啃食珊瑚型。

濒危等级：易危(VU)。

潜在危害：无害。

优势度：稀有种。

遇见指数：☆。

90. 鲸鹦嘴鱼属 Genus *Cetoscarus*

【173】青鲸鹦嘴鱼 *Cetoscarus bicolor*

英文名： Bicolour parrotfish

形态特征： 幼鱼体色为白色；头部从眼部前缘至背鳍基部前方有1较大黑边橙色区域；背鳍顶端有1黑色斑点。成熟初期体色为浅红褐色；背部为黄色；体侧鳞片有黑色的斑点和边缘。成熟终期体色为深蓝绿色；体侧鳞片边缘粉红色；口角有1粉红色线纹纵向延伸至胸鳍基部，其上的头部和身体前半部布满粉红色斑点，线纹下的胸部等区域为蓝绿色。

分布特征： 礁栖鱼类，主要栖息于水质清澈的潟湖和向海礁区；栖息水深范围为1～30 m；分布于印度洋-太平洋海域。

生态习性： 幼鱼一般单独出现，以底栖藻类为食；成鱼具有领域性，一雄多雌，以啃食活珊瑚为食。

功能类群： 珊瑚食性-兼食珊瑚型。

濒危等级： 无危(LC)。

潜在危害： 无害。

优势度： 稀有种。

遇见指数： ☆☆☆。

91. 绿鹦嘴鱼属 Genus *Chlorurus*

【174】小鼻绿鹦嘴鱼 *Chlorurus microrhinos*

英文名： Steephead parrots

形态特征： 体长小于8 cm的幼鱼体色多为黑色，体侧有几条白色的纵纹。稍大的个体（20 cm左右）呈均一的暗绿褐色。成鱼为蓝色，或罕见的黄褐色。鳞片具橘黄色短横纹或斑点。雄鱼头部隆起呈驼峰。

分布特征： 礁栖鱼类，主要栖息于水质清澈的潟湖和向海礁区；栖息水深范围为1～50 m，通常为1～15 m；分布于太平洋海域。

生态习性： 幼鱼一般单独出现，成鱼一般成群出现；以底栖藻类为食。

功能类群： 植食性-啃食型。

濒危等级： 无危(LC)。

潜在危害： 有雪卡毒素中毒报道。

优势度： 稀有种。

遇见指数： ☆☆。

【175】污色绿鹦嘴鱼 *Chlorurus sordidus*

英文名： Daisy parrotfish

形态特征： 成熟初期体色变化大。较小的个体为均一的深棕色到浅灰色；尾柄有时有中间暗点的淡色区域，或没有。较大的个体在体后半部有一组不规则的淡斑；尾鳍基部有1较大暗斑。成熟末期体呈蓝绿色，腹部有1～3蓝色或绿色纵纹，有时颊部和体后半步有大块的黄色区域；背鳍和臀鳍蓝绿色，同时有1橘黄色纵带。

分布特征： 礁栖鱼类，栖息范围较广，主要栖息于珊瑚丰富、底质开阔的浅水礁滩、潟湖和向海礁区的开阔区域；栖息水深范围为0～50 m；广泛分布于印度洋-太平洋海域。

生态习性： 幼鱼一般单独出现，成鱼一般成群出现；以底栖藻类为食。

功能类群： 植食性-啃食型。

濒危等级： 无危(LC)。

潜在危害： 有雪卡毒素中毒报道。

优势度： 优势种。

遇见指数： ☆☆☆☆☆。

92. 马鹦嘴鱼属 Genus *Hipposcarus*

【176】长头马鹦嘴鱼 *Hipposcarus longiceps*

英文名： Pacific longnose parrotfish

形态特征： 幼鱼体呈浅褐色，体侧有宽的橙色纵带。成熟初期为灰褐色至浅灰色，尾部为黄色。成熟末期为浅蓝色至绿色，吻端突出。

分布特征： 礁栖鱼类，相较于外部的礁区，多栖息于浑浊的潟湖；栖息水深范围为2～40 m；分布于太平洋海域。

生态习性： 通常成群出现；以底栖藻类为食。

功能类群： 植食性-啃食型。

濒危等级： 无危(LC)。

潜在危害： 无害。

优势度： 稀有种。

遇见指数： ☆☆☆。

93. 鹦嘴鱼属 Genus *Scarus*

【177】弧带鹦嘴鱼 *Scarus dimidiatus*

英文名： Yellowbarred parrotfish

形态特征： 雌鱼体呈灰色至黄色，背部有3～4黑色的鞍状斑纹。雄鱼吻端蓝色，眼后有1明亮的条纹。

分布特征： 礁栖鱼类，栖息于水质清澈、珊瑚丰富的潟湖和向海礁区或有遮蔽的礁区；栖息水深范围为1～25 m；分布于西太平洋海域。

生态习性： 主要以藻类为食。

功能类群： 植食性-刮食型。

濒危等级： 无危(LC)。

潜在危害： 无害。

优势度： 一般种。

遇见指数： ☆☆☆。

【178】绿唇鹦嘴鱼 *Scarus forsteni*

英文名： Forsten's parrotfish

形态特征： 幼鱼体呈黑褐色，腹侧为鲜红色至黄色。生长初期体呈棕色，身体中部区域（鳃盖后面）有1蓝色斑块，斑块中央绿色至蓝绿色。成熟末期体色为蓝绿色，鳞片绿色，边缘粉色；吻端有1暗色斑纹，口周围有1绿色环纹；有时身体中部有1粉色区域。

分布特征： 礁栖鱼类，通常发现于暴露的潟湖和向海礁区，栖息地的珊瑚较为丰富；栖息水深范围为3～30 m；分布于太平洋海域。

生态习性： 通常单独出现；以底栖藻类为食。

功能类群： 植食性-刮食型。

濒危等级： 无危(LC)。

潜在危害： 无害。

优势度： 一般种。

遇见指数： ☆☆☆。

【179】网条鹦嘴鱼 *Scarus frenatus*

英文名： Bridled parrotfish

形态特征： 幼鱼身体前半部为红褐色，后半部为浅蓝紫色，并分布有白色的小斑点。成熟初期的雌鱼体色为鲜红色至红褐色，体侧有5～7深褐色的点状条纹；各鳍为红色。成熟末期的雄鱼体色为绿色；头部上半部及身体前2/3处有橘黄色线纹，头部下半部绿色并散布有不规则的橙红色线纹；上下唇具有橙红色的斑带；尾鳍蓝绿色，并带有橘黄色的弧状斑纹；尾鳍幼鱼期为截形，成鱼则稍凹、双截形或半月形。

分布特征： 礁栖鱼类，成鱼通常发现于向海的外礁盘，有时出现于很浅的区域，幼鱼则多出现于潟湖内的珊瑚礁或碎石区；栖息水深范围为1～25 m；分布于印度洋-太平洋海域。

生态习性： 通常单独出现，但摄食时也会混在鱼群中；以啃食方式摄食礁体表面的藻类。

功能类群： 植食性-啃食型。

濒危等级： 无危(LC)。

潜在危害： 无害。

优势度： 一般种。

遇见指数： ☆☆☆

【180】黑斑鹦嘴鱼 *Scarus globiceps*

英文名： Globehead parrotfish

形态特征： 成熟初期体呈棕灰色，腹部有3白色细纵纹。成熟末期体型小；鳞片绿色至蓝色，边缘粉红色；头部上方有多条绿色的、断断续续的线纹和斑点；头部下方为苍白色；腹部有2～3粉紫色纵带。

分布特征： 礁栖鱼类，栖息于潟湖、向海礁区和礁滩，在外礁区更为常见；栖息水深范围为1～30 m，通常为12 m以内；分布于印度洋-太平洋海域。

生态习性： 成对或小群出现；以底栖藻类为食。

功能类群： 植食性-刮食型。

濒危等级： 无危(LC)。

潜在危害： 无害。

优势度： 稀有种。

遇见指数： ☆。

【181】黄鞍鹦嘴鱼 *Scarus oviceps*

英文名： Dark capped parrotfish

形态特征： 成熟初期头部上半部和身体前上半部为浅灰色至深灰色，其后有1～2黄色斑纹，颊部为白色或淡黄色。成熟末期鳞片蓝绿色，并有粉色窄边；胸鳍分色，一半为黄绿色，一半为暗的蓝绿色；头上半部和身体的前上半部为暗紫色。

分布特征： 礁栖鱼类，栖息于水深至少为10 m的潟湖和向海礁区；栖息水深范围为1～20 m；分布于印度洋-太平洋海域。

生态习性： 单独或成群出现；以底栖藻类为食。

功能类群： 植食性-刮食型。

濒危等级： 无危(LC)。

潜在危害： 无害。

优势度： 常见种。

遇见指数： ☆☆☆☆。

【182】新加坡鹦嘴鱼 *Scarus prasiognathos*

英文名： Singapore parrotfish

形态特征： 成熟初期的雌鱼体色为深红褐色，腹部颜色较淡，并有小而不规则的淡蓝色斑点；头部为淡红褐色并有蓝色的小点及短纹（除颔部外），颔部具长的蓝色条纹；背鳍具蓝色条纹，外缘蓝色；尾鳍具蓝色小斑点，上下缘为灰绿色。成熟末期的雄鱼为黄绿色，鳞片外缘为深棕绿色；头背部侧鲜黄色；吻部和头部侧蓝绿色，口角至眼部有鲜黄色斜纹；背鳍蓝绿色，各鳍膜间均有橙色条纹；臀鳍蓝色，中部有橙色带；胸鳍蓝紫色，外缘蓝色；腹鳍绿色，具蓝色和橙色的外缘；尾鳍鳍膜深蓝绿色，外缘深蓝色，上下叶具橙色条纹。

分布特征： 礁栖鱼类，一般分布于外礁坡和礁坪区域，偶尔也会进入潟湖；栖息水深范围为1～25 m；分布于印度洋-西太平洋海域。

生态习性： 通常成群在陡峭的礁坡上游弋；以底栖藻类为食。

功能类群： 植食性-啃食型。

濒危等级： 无危(LC)。

潜在危害： 无害。

优势度： 稀有种。

遇见指数： ☆。

【183】棕吻鹦嘴鱼 *Scarus psittacus*

英文名：Common parrotfish

形态特征：成熟初期体呈红褐色至灰色；吻端灰色；胸鳍基部上缘有1小黑点。成熟末期鳞片黄色至绿色并带有粉色边缘；吻端淡紫灰色；尾鳍浅蓝色。

分布特征：礁栖鱼类，栖息于礁滩、潟湖和向海礁区；栖息水深范围为2～25 m；分布于印度洋-太平洋海域。

生态习性：单独或成群出现；以底栖藻类为食。

功能类群：植食性-刮食型。

濒危等级：无危(LC)。

潜在危害：无害。

优势度：稀有种。

遇见指数：☆。

【184】钝头鹦嘴鱼 *Scarus rubroviolaceus*

英文名： Ember parrotfish

形态特征： 成熟初期体呈红棕色；鳞片为深红色至红棕色至灰色，并有黑色小斑点和不规则的线纹；背部颜色较深，腹部颜色较浅，头部和各鳍通常为红棕色。成熟末期身体前部暗绿色，身体中部（靠近胸鳍）黄绿色，并延伸至尾柄；吻端上方有1绿色至蓝色条纹，而吻端下方有2相似条纹，2条纹之间区域为粉色或淡色；尾鳍有多条蓝色至蓝绿色条纹。

分布特征： 礁栖鱼类，通常出现在有岩石或珊瑚基质的向海礁区；栖息水深范围为1～36 m；分布于印度洋-太平洋海域。

生态习性： 单独或成对出现；以底栖藻类为食。

功能类群： 植食性-刮食型。

濒危等级： 无危(LC)。

潜在危害： 无害。

优势度： 稀有种。

遇见指数： ☆。

【185】许氏鹦嘴鱼 *Scarus schlegeli*

英文名： Yellowband parrotfish

形态特征： 成熟初期为浅灰棕色，体侧有5～6苍白色横纹。成熟末期头背部及其前半部呈暗绿色至蓝色，身体中部偏后有1横带，先为短的亮黄色，后变为灰色。

分布特征： 礁栖鱼类，栖息于珊瑚丰富和垂直落差较大的潟湖和向海礁区；栖息水深范围为1～50 m；分布于太平洋海域。

生态习性： 单独或成群出现；以底栖藻类为食。

功能类群： 植食性-刮食型。

濒危等级： 无危(LC)。

潜在危害： 无害。

优势度： 少见种。

遇见指数： ☆☆☆。

（三十）雀鲷科 Family Pomacentridae

个体通常较小，体呈卵圆形或椭圆形，侧扁。口小，略能向前伸出。头部、躯干部和鳍基部均有外缘具小锯齿状的中型鳞片覆盖。侧线不完全，中断成两条。背鳍单一；臀鳍分叉或内凹。珊瑚礁区域较为常见。生态习性种间差异较大。本书记录 11 属 42 种。

94. 豆娘鱼属 Genus *Abudefduf*

【186】五带豆娘鱼 *Abudefduf vaigiensis*

英文名： Indo-Pacific sergeant

形态特征： 体灰白至淡黄色，背部偏黄；体侧有5黑色横带。胸鳍基部上方有1小黑斑；尾鳍灰白色。

分布特征： 礁栖鱼类，成鱼栖息于外礁斜坡和近海礁石的边缘上方；栖息水深范围为1～15 m；广泛分布于印度洋-太平洋海域。

生态习性： 通常聚集成群；以浮游动物、底栖藻类和小型无脊椎动物为食。

功能类群： 杂食性-日行浮游食型。

濒危等级： 无危(LC)。

潜在危害： 有雪卡毒素中毒报道。

优势度： 常见种。

遇见指数： ☆☆☆☆。

95. 凹牙豆娘鱼属 Genus *Amblyglyphidodon*

【187】金凹牙豆娘鱼 *Amblyglyphidodon aureus*

英文名： Golden damselfish

形态特征： 体灰褐色至鲜黄色。各鳍黄色，颜色淡；胸鳍基部无黑点。

分布特征： 礁栖鱼类，成鱼出现于陡峭的外礁坡上，偶尔出现于深的潟湖和沟壑壁上；栖息水深范围为3～45 m，通常为12～45 m；分布于西太平洋海域。

生态习性： 独居或小群出现，活动范围广；以浮游动物为食。

功能类群： 杂食性-日行浮游食型。

濒危等级： 无危(LC)。

潜在危害： 无害。

优势度： 一般种。

遇见指数： ☆☆☆☆。

【188】库拉索凹牙豆娘鱼 *Amblyglyphidodon curacao*

英文名： Staghorn damselfish

形态特征： 体黄绿色至褐色；体侧具有几条暗色条带，条带较宽、颜色稍淡。除胸鳍和腹鳍淡色外，其余各鳍色深；胸鳍基部无黑点。

分布特征： 礁栖鱼类，成鱼栖息于潟湖和外礁坡，幼鱼常出现在肉质藻类和软珊瑚中；栖息水深范围为1～40 m，通常为1～15 m；分布于西太平洋海域。

生态习性： 以浮游动物和丝状藻类为食，如蟹和虾的幼体、鱼卵等。

功能类群： 杂食性-日行浮游食型。

濒危等级： 未评估(NE)。

潜在危害： 无害。

优势度： 少见种。

遇见指数： ☆☆☆。

【189】白腹凹牙豆娘鱼 *Amblyglyphidodon leucogaster*

英文名： Yellowbelly damselfish

形态特征： 体呈银灰色，腹部黄色。臀鳍前半部、背鳍前半部鳍膜和尾鳍上下缘为黑色；胸鳍基部上方有明显的楔形斑。

分布特征： 礁栖鱼类，成鱼栖息于潟湖和外礁坡；栖息水深范围为2～45 m；分布于印度洋-西太平洋海域。

生态习性： 单独或小群；以桡足类、端足类、糠虾、鱼卵、甲壳类幼体为食，也摄食一小部分藻类。

功能类群： 杂食性-日行浮游食型。

濒危等级： 无危(LC)。

潜在危害： 无害。

优势度： 稀有种。

遇见指数： ☆。

96. 双锯鱼属 Genus *Amphiprion*

【190】克氏双锯鱼 *Amphiprion clarkii*

英文名： Yellowtail clownfish

形态特征： 体呈黄褐色至黑色，体侧具3白色宽带。胸鳍及尾鳍淡色。雌鱼尾鳍叉形，末端角状；雄鱼尾鳍截形，末端尖。

分布特征： 礁栖鱼类，主要栖息于潟湖和外礁坡；栖息水深范围为1～60 m；分布于印度洋-西太平洋海域。

生态习性： 和海葵共生，小群聚居生活，通常由一尾体型最大的雌鱼和体型次大的雄鱼构成主要成员，其余成员包括无生殖能力的成鱼和幼鱼；以藻类和浮游生物为食。

功能类群： 杂食性-日行浮游食型。

濒危等级： 未评估(NE)。

潜在危害： 无害。

优势度： 少见种。

遇见指数： ☆☆☆。

【191】白条双锯鱼 *Amphiprion frenatus*

英文名： Tomato clownfish

形态特征： 体呈橘红色或略偏黄，体侧有1～3白色宽带。幼鱼有3宽带，随生长消失仅剩眼后1宽带。

分布特征： 礁栖鱼类，主要栖息于潟湖或珊瑚礁区；栖息水深范围为1～12 m；分布于西太平洋海域。

生态习性： 和海葵共生，小群聚居生活，通常由一尾体型最大的雌鱼和体型次大的雄鱼构成主要成员，其余成员包括无生殖能力的成鱼和幼鱼；以藻类、鱼卵和浮游生物为食。

功能类群： 杂食性-日行浮游食型。

濒危等级： 无危(LC)。

潜在危害： 无害。

优势度： 稀有种。

遇见指数： ☆。

【192】眼斑双锯鱼 *Amphiprion ocellaris*

英文名： Clown anemonefish

形态特征： 体呈橘红色，体侧具3白色宽带，分别位于眼后、身体中部和尾柄。各鳍橘红色，具黑边。

分布特征： 礁栖鱼类，主要栖息于潟湖和珊瑚礁区；栖息水深范围为1～15 m，通常为3～15 m；分布于印度洋-西太平洋海域。

生态习性： 和海葵共生，小群聚居生活，通常由一尾体型最大的雌鱼和体型次大的雄鱼构成主要成员，其余成员包括无生殖能力的成鱼和幼鱼；以藻类、鱼卵和浮游生物为食。

功能类群： 杂食性-日行浮游食型。

濒危等级： 未评估(NE)。

潜在危害： 无害。

优势度： 稀有种。

遇见指数： ☆。

【193】白背双锯鱼 *Amphiprion sandaracinos*

英文名： Yellow clownfish

形态特征： 体呈橘红色，背部有1白色窄条带从吻端延伸至尾柄。各鳍橘黄色；尾鳍圆形。

分布特征： 礁栖鱼类，主要栖息于潟湖和珊瑚礁区；栖息水深范围为2～30 m；分布于西太平洋海域。

生态习性： 和海葵共生，一雄一雌，成对或成一小群生活；以藻类和浮游生物为食。

功能类群： 杂食性-日行浮游食型。

濒危等级： 无危(LC)。

潜在危害： 无害。

优势度： 稀有种。

遇见指数： ☆。

97. 金翅雀鲷属 Genus *Chrysiptera*

【194】双斑金翅雀鲷 *Chrysiptera biocellata*

英文名： Twinspot damselfish

形态特征： 体呈褐色。背鳍后部基部有蓝色或略带蓝色的斑点。幼鱼体中部有1白色横带，成长为成鱼后缩小成鞍状或消失。

分布特征： 礁栖鱼类，成鱼栖息于封闭的内礁滩、浅的潟湖和水道、碎石和岩石上；栖息水深范围为0～5 m；分布于印度洋-太平洋海域。

生态习性： 以丝状藻类为食。

功能类群： 植食性-领域看护型。

濒危等级： 未评估(NE)。

潜在危害： 无害。

优势度： 稀有种。

遇见指数： ☆。

【195】勃氏金翅雀鲷 *Chrysiptera brownriggii*

英文名： Surge damselfish

形态特征： 体色随生长阶段不同有两种样式。一种体呈黄色，背部蓝色，背鳍末端有1较大蓝边黑点，背鳍及其基部有黄边黑点。另一种体呈灰色至黑色，体侧和尾柄处各有1白色横带。

分布特征： 礁栖鱼类，成鱼栖息于铺满碎石的涌浪通道、裸露礁滩的外围等；栖息水深范围为0～12 m；分布于印度洋-太平洋海域。

生态习性： 通常成群出现，离庇护场所近；以底栖藻类和小型甲壳类为食。

功能类群： 杂食性-底栖杂食型。

濒危等级： 未评估(NE)。

潜在危害： 无害。

优势度： 稀有种。

遇见指数： ☆☆☆。

【196】金头金翅雀鲷 *Chrysiptera chrysocephala*

英文名： 暂缺。

形态特征： 体呈白色，从眼部后到背鳍为黄色。

分布特征： 礁栖鱼类，出现于潟湖或礁区外围的暴露区域；栖息水深范围为0～10 m；分布于西太平洋海域。

生态习性： 以藻类和小型无脊椎动物为食。

功能类群： 杂食性-日行浮游食型。

濒危等级： 未评估(NE)。

潜在危害： 无害。

优势度： 常见种。

遇见指数： ☆☆☆☆☆。

【197】圆尾金翅雀鲷 *Chrysiptera cyanea*

英文名： Sapphire devil

形态特征： 体呈浅蓝色。幼鱼和雌鱼在背鳍基底后有1黑色小斑点。雄鱼吻部和尾鳍为鲜黄色。背鳍基底无黑点。

分布特征： 礁栖鱼类，栖息于水质清澈的潟湖隐蔽处、碎石和珊瑚中；栖息水深范围为0～10 m；分布于印度洋-西太平洋海域。

生态习性： 通常由一尾雄鱼和多尾雌鱼或幼鱼组成群体；以藻类、大洋被囊类和桡足类为食。

功能类群： 杂食性-日行浮游食型。

濒危等级： 未评估(NE)。

潜在危害： 无害。

优势度： 稀有种。

遇见指数： ☆☆☆。

【198】无斑金翅雀鲷 *Chrysiptera unimaculata*

英文名： Onespot demoiselle

形态特征： 幼鱼体色偏黄，头背部自吻端有1蓝色条带延伸至背鳍硬棘基底后部，并连接1蓝边黑色斑点。成鱼体呈亮褐色，鳃盖上有1橙黄色斑点，有时不明显；背鳍基底后部有1黑色斑点；胸鳍黄色；其他各鳍褐色。

分布特征： 礁栖鱼类，成鱼单独或成小群栖息于沿岸的藻礁、碎石或以小群体的形式出现在沿海的藻礁区、碎石区或暴露于中度涌浪的开阔礁坪岩石上；栖息水深范围为0～3 m；分布于印度洋-西太平洋海域。

生态习性： 主要底栖藻类为食。

功能类群： 植食性-领域看护型。

濒危等级： 无危(LC)。

潜在危害： 无害。

优势度： 稀有种。

遇见指数： ☆☆☆。

98. 盘雀鲷属 Genus *Dischistodus*

【199】黑斑盘雀鲷 *Dischistodus melanotus*

英文名： Black-vent damsel

形态特征： 体呈白色，头部上半部至背鳍中央为深棕色。幼鱼的背鳍基部中央有1眼斑。成鱼腹部有1较大黑色斑块。

分布特征： 礁栖鱼类，成鱼生活在潟湖中，通常喜欢有沙或碎石基质的小块礁区；栖息水深范围为1～12 m；分布于西太平洋海域。

生态习性： 以底栖藻类为食，具有领域性，积极保护自身周围的底栖藻类不被其他植食动物所摄食。

功能类群： 植食性-领域看护型。

濒危等级： 未评估(NE)。

潜在危害： 无害。

优势度： 稀有种。

遇见指数： ☆☆☆。

【200】显盘雀鲷 *Dischistodus perspicillatus*

英文名： White damsel

形态特征： 体呈白色至灰绿色。头部、背部中部、背鳍末端基部有2～3黑色或暗的斑点、鞍状斑或条纹。

分布特征： 礁栖鱼类，成鱼出现于浅水潟湖中、具有藻类或海草与沙混合底质的小片礁区；栖息水深范围为1～10 m；分布于印度洋-西太平洋海域。

生态习性： 单独或小群出现，具有领域性。

功能类群： 植食性-领域看护型。

濒危等级： 未评估(NE)。

潜在危害： 无害。

优势度： 少见种。

遇见指数： ☆☆☆。

99. 新箭齿雀鲷属 Genus *Neoglyphidodon*

【201】黑褐新箭齿雀鲷 *Neoglyphidodon nigroris*

英文名： Black-and-gold chromis

形态特征： 幼鱼体呈黄色，体侧有2黑色纵带。成鱼体呈黄褐色，眼下鳃盖前部有黑色横带；背鳍后半部、臀鳍、尾柄和尾鳍偏黄色，腹鳍黑色。

分布特征： 礁栖鱼类，出现在珊瑚丰富的潟湖和向海礁区；栖息水深范围为2～23 m；分布于西太平洋海域。

生态习性： 通常单独出现；以藻类、甲壳类、大洋性被囊类和樽海鞘为食。

功能类群： 杂食性-日行浮游食型。

濒危等级： 未评估(NE)。

潜在危害： 无害。

优势度： 稀有种。

遇见指数： ☆☆☆。

【202】纹胸新箭齿雀鲷 *Neoglyphidodon thoracotaeniatus*

英文名：Barhead damsel

形态特征：体前半部为暗灰色并逐渐过渡至体后半部呈黑色。头胸部有深棕色条纹，条纹之间为白色。胸鳍基部有黑色斑点。

分布特征：礁栖鱼类，栖息于珊瑚丰富的外礁区；栖息水深范围为10～45 m；分布于西太平洋海域。

生态习性：通常单独或小群出现。

功能类群：杂食性-日行浮游食型。

濒危等级：未评估(NE)。

潜在危害：无害。

优势度：稀有种。

遇见指数：☆☆。

100. 椒雀鲷属 Genus *Plectroglyphidodon*

【203】黑带椒雀鲷 *Plectroglyphidodon dickii*

英文名： Blackbar devil

形态特征： 体呈淡褐色或黄褐色；体后半部靠近尾柄处有1黑色横带，其后体侧和尾柄为白色或黄色。胸鳍黄色或淡色。

分布特征： 礁栖鱼类，成鱼栖息于水质清澈潟湖和向海礁区中珊瑚丰富、有涌浪的区域，经常生活于杯形珊瑚（*Pocillopora* sp.）和鹿角珊瑚（*Acropora* sp.）附近；栖息水深范围为1～15 m；分布于印度洋-太平洋海域。

生态习性： 以丝状藻类、小型底栖无脊椎动物为食，偶食小鱼。

功能类群： 杂食性-底栖杂食型。

濒危等级： 未评估(NE)。

潜在危害： 无害。

优势度： 一般种。

遇见指数： ☆☆☆。

【204】眼斑椒雀鲷 *Plectroglyphidodon lacrymatus*

英文名： Whitespotted devil

形态特征： 体呈褐色，体侧散布许多蓝色小点。胸鳍基底黑色。幼鱼体侧的蓝点相较于成鱼数量更多、颜色更鲜艳，并且背鳍中部偏后具1眼斑。

分布特征： 礁栖鱼类，成鱼栖息于水质清澈的潟湖和向海礁区；栖息水深范围为1～40 m；分布于印度洋-太平洋海域。

生态习性： 主要以底栖藻类及小型无脊椎动物和鱼卵为食。

功能类群： 杂食性-底栖杂食型。

濒危等级： 未评估(NE)。

潜在危害： 无害。

优势度： 一般种。

遇见指数： ☆☆☆☆☆。

101. 眶锯雀鲷属 Genus *Stegastes*

【205】胸斑眶锯雀鲷 *Stegastes fasciolatus*

英文名： Pacific gregory

形态特征： 体色多变，灰白色至黄褐色，甚至完全黑色。鳞片边缘暗褐色，在体侧连成网格状。虹膜通常具有鲜亮的黄色。唇灰白色。各鳍灰色至暗褐色；胸鳍基底上缘具黑点。幼鱼的背鳍和臀鳍边缘通常为蓝色。

分布特征： 礁栖鱼类，成鱼栖息于暴露的、有轻度到中度海浪的岩石和珊瑚礁中，通常为丝状藻类覆盖的岩石和死珊瑚的区域；栖息水深范围为1～30 m，通常为1～5 m；分布于印度洋-太平洋海域。

生态习性： 单独出现，一雄一雌。

功能类群： 植食性-领域看护型。

濒危等级： 未评估(NE)。

潜在危害： 无害。

优势度： 少见种。

遇见指数： ☆☆☆。

102. 光鳃鱼属 Genus *Chromis*

【206】腋斑光鳃鱼 *Chromis atripes*

英文名： Dark-fin chromis

形态特征： 体呈橙棕色，头部和胸部淡蓝色至淡紫色。虹膜淡黄色。胸鳍基部有1三角形黑点；尾鳍前部偏黄，后部偏淡；尾柄和尾鳍的上下边缘为黑色。

分布特征： 礁栖鱼类，成鱼栖息于珊瑚丰富的外礁水道和斜坡；栖息水深范围为2～40 m，通常为10～25 m；分布于西太平洋海域。

生态习性： 单独或成小群出现；以藻类和浮游生物为食。

功能类群： 杂食性-日行浮游食型。

濒危等级： 无危(LC)。

潜在危害： 无害。

优势度： 少见种。

遇见指数： ☆☆。

【207】双斑光鳃鱼 *Chromis margaritifer*

英文名： Bicolor chromis

形态特征： 体呈黑褐色至黑色。背鳍和臀鳍软鳍条的白色区域开始于基底末端之前，背鳍硬棘部顶端蓝色；胸鳍基部有块白边黑斑尾柄和尾鳍白色。

分布特征： 礁栖鱼类，成鱼通常出现于珊瑚和藻类混合底质的岸礁或岩礁中，多发现于暴露的向海礁区，潟湖和水道中丰度低；栖息水深范围为2～20 m；分布于太平洋海域。

生态习性： 单独或以小群出现；以浮游动物为食。

功能类群： 杂食性-日行浮游食型。

濒危等级： 未评估(NE)。

潜在危害： 无害。

优势度： 优势种。

遇见指数： ☆☆☆☆☆。

【208】卵形光鳃鱼 *Chromis ovatiformis*

英文名： Ovate chromis

形态特征： 体呈黄褐色至灰色。胸鳍基部上缘有1黑点；背鳍和臀鳍软鳍条后半部和尾柄白色或淡色。

分布特征： 礁栖鱼类，成鱼栖息于珊瑚礁或岩礁外，很少在浅水区；栖息水深范围为10～40 m；分布于西太平洋海域。

生态习性： 主要以浮游动物为食。

功能类群： 杂食性-日行浮游食型。

濒危等级： 未评估(NE)。

潜在危害： 无害。

优势度： 优势种。

遇见指数： ☆☆☆☆☆。

【209】黑带光鳃鱼 *Chromis retrofasciata*

英文名： Black-bar chromis

形态特征： 体呈土黄色至黄褐色，体侧后半部有1黑色宽横带。尾鳍深叉形，上下叶末端延长呈丝状；尾鳍及尾柄白色。

分布特征： 礁栖鱼类，成鱼多分布于珊瑚丰富的潟湖或向海礁区；栖息水深范围为12～120 m；分布于西太平洋海域。

生态习性： 单独或成小群活动于靠近枝状珊瑚的区域；以浮游动物为食，如桡足类等。

功能类群： 杂食性-日行浮游食型。

濒危等级： 未评估(NE)。

潜在危害： 无害。

优势度： 少见种。

遇见指数： ☆☆☆。

【210】条尾光鳃鱼 *Chromis ternatensis*

英文名： Ternate chromis

形态特征： 体呈深棕色至深黄色，鳞片的中心通常有浅蓝色纹。胸鳍基部上缘无小黑斑；尾鳍叉形，上下叶末端尖形，并各具1深色纵带。

分布特征： 礁栖鱼类，栖息于潟湖或外礁坡的上方区域；栖息水深范围为2～36 m；分布于印度洋-太平洋海域。

生态习性： 通常在鹿角珊瑚的上部成群活动；以浮游动物为食，如桡足类等。

功能类群： 杂食性-日行浮游食型。

濒危等级： 未评估(NE)。

潜在危害： 无害。

优势度： 优势种。

遇见指数： ☆☆☆☆☆。

【211】凡氏光鳃鱼 *Chromis vanderbilti*

英文名： Vanderbilt's chromis

形态特征： 体表有蓝色和黄色相间的纵纹。尾鳍上叶边缘黄色，下叶边缘黑色；背鳍的硬棘边缘也是黄色；臀鳍大部分为黑色。

分布特征： 礁栖鱼类，出现于外礁斜坡和近岸的岩礁中；栖息水深范围为2～20 m；分布于太平洋海域。

生态习性： 成群聚集出现；以浮游动物为食，特别是桡足类。

功能类群： 杂食性-日行浮游食型。

濒危等级： 未评估(NE)。

潜在危害： 无害。

优势度： 优势种。

遇见指数： ☆☆☆☆☆。

【212】蓝绿光鳃鱼 *Chromis viridis*

英文名： Blue green damselfish

形态特征： 体表和各鳍均为淡绿色至淡蓝色，腹部颜色淡。繁殖期间，雄鱼逐渐偏黄色，体后半部逐渐偏黑色。

分布特征： 礁栖鱼类，成鱼一般出现于隐蔽区域（如潮下礁滩和潟湖）枝状珊瑚的上方；栖息水深范围为1～20 m；分布于印度洋-太平洋海域。

生态习性： 成群聚集出现，遇危险时，躲入枝状珊瑚的枝丫间；以浮游动物为食。

功能类群： 杂食性-日行浮游食型。

濒危等级： 未评估(NE)。

潜在危害： 无害。

优势度： 一般种。

遇见指数： ☆☆☆。

【213】韦氏光鳃鱼 *Chromis weberi*

英文名：Weber's chromis

形态特征：体呈橄榄色至蓝灰色，鳞片具深褐色边缘。前鳃盖和鳃盖的边缘为暗褐色。胸鳍基部上缘有1黑斑；尾鳍上下叶末端边缘黑色。

分布特征：礁栖鱼类，成鱼出现于外礁坡的水道和陡峭处；栖息水深范围为3～40 m；分布于印度洋-太平洋海域。

生态习性：主要以浮游动物为食。

功能类群：杂食性-日行浮游食型。

濒危等级：未评估(NE)。

潜在危害：无害。

优势度：一般种。

遇见指数：☆☆☆。

【214】黄尾光鳃鱼 *Chromis xanthura*

英文名： Paletail chromis

形态特征： 体色会随个体大小和栖息地环境而差异显著。幼鱼体呈暗蓝灰色至艳丽的蓝色，尾鳍为鲜亮的橘黄色。成鱼体呈深灰色至黑色，尾鳍大部分为白色或黄褐色；前鳃盖和鳃盖的边缘为暗褐色；胸鳍基部有黑斑。

分布特征： 礁栖鱼类，成鱼栖息于陡峭的外礁斜坡和浅海礁滩上；栖息水深范围为3～40 m；分布于太平洋海域。

生态习性： 成群出现；以浮游动物为食。

功能类群： 杂食性-日行浮游食型。

濒危等级： 未评估(NE)。

潜在危害： 无害。

优势度： 常见种。

遇见指数： ☆☆☆☆☆。

103. 宅泥鱼属 Genus *Dascyllus*

【215】宅泥鱼 *Dascyllus aruanus*

英文名： Whitetail dascyllus

形态特征： 体色为白色，体侧有3黑色横纹。吻部和眼眶间的头背部有1较大褐色斑点。唇为灰色或白色。胸鳍透明；腹鳍黑色；尾鳍灰白色。

分布特征： 礁栖鱼类，栖息于浅的潟湖和潮下带的浅礁坪区域，通常在鹿角珊瑚的顶部成群；栖息水深范围为0～20 m；分布于印度洋-西太平洋海域。

生态习性： 有领域性，成群出现；以浮游动物为食。

功能类群： 杂食性-日行浮游食型。

濒危等级： 未评估(NE)。

潜在危害： 无害。

优势度： 少见种。

遇见指数： ☆☆☆。

【216】黑尾宅泥鱼 *Dascyllus melanurus*

英文名： Blacktail humbug

形态特征： 体呈白色，体侧有3黑色横带。胸鳍透明；腹鳍黑色；尾鳍叉形，前1/3为灰白色，后2/3为黑色。

分布特征： 礁栖鱼类，主要栖息于有掩蔽的潟湖、水湾等；栖息水深范围为1～68 m；分布于西太平洋海域。

生态习性： 喜成群，常在鹿角珊瑚枝头上部区域活动，受威胁时躲藏于珊瑚中；以浮游生物为食，包括虾蟹幼体、藻类、介形类、端足类、被囊类、桡足类和鱼卵。

功能类群： 杂食性-日行浮游食型。

濒危等级： 未评估(NE)。

潜在危害： 无害。

优势度： 稀有种。

遇见指数： ☆☆。

【217】网纹宅泥鱼 *Dascyllus reticulatus*

英文名： Reticulate dascyllus

形态特征： 体色随生态环境和行为发生改变。体呈白色；鼻口、眶间、前额泛绿；胸部有斑点；身体前后部各有1黑色横带。鳞片边缘黑色。臀鳍、腹鳍多为黑色；胸鳍透明，基底有1黑斑。

分布特征： 礁栖鱼类，成鱼出现于潟湖外围和向海礁区，栖息于枝状珊瑚顶端上方，特别是多枝的埃氏杯形珊瑚（*Pocillopora eydouxi*）；栖息水深范围为1～50 m；分布于印度洋中东部-西太平洋海域。

生态习性： 一般成群出现；以浮游动物为食。

功能类群： 杂食性-日行浮游食型。

濒危等级： 未评估(NE)。

潜在危害： 无害。

优势度： 常见种。

遇见指数： ☆☆☆☆。

【218】三斑宅泥鱼 *Dascyllus trimaculatus*

英文名： Threespot dascyllus

形态特征： 幼鱼全身黑色，鳞片中心呈蓝色，前额及其上侧有白色斑点，除胸鳍外，其余各鳍均为黑色。成鱼体呈暗褐色至黑色，体侧中央有1淡色斑点，前额无斑点，头部和鳍通常为黑色，鳞片边缘黑色。

分布特征： 礁栖鱼类，成鱼栖息于珊瑚礁和岩礁中；栖息水深范围为1～55 m；分布于印度洋-太平洋海域。

生态习性： 一般成群出现，成鱼领域性极强，幼鱼通常与海葵、海胆等共生，或在珊瑚丛中栖息；以藻类、桡足类和其他浮游甲壳类为食。

功能类群： 杂食性-日行浮游食型。

濒危等级： 未评估(NE)。

潜在危害： 无害。

优势度： 一般种。

遇见指数： ☆☆☆☆。

104. 雀鲷属 Genus *Pomacentrus*

【219】胸斑雀鲷 *Pomacentrus alexanderae*

英文名： Alexander’s damsel

形态特征： 体呈淡黄色至褐色，腹部颜色淡。胸鳍基部有1较大黑斑；各鳍颜色淡。

分布特征： 礁栖鱼类，成鱼栖息于潟湖、近海和近海珊瑚礁中；栖息水深范围为5～60 m；分布于西太平洋海域。

生态习性： 通常单独出现；以藻类、藤壶无节幼体、桡足类、鱼卵和小型腹足类为食。

功能类群： 杂食性-底栖杂食型。

濒危等级： 未评估(NE)。

潜在危害： 无害。

优势度： 一般种。

遇见指数： ☆☆☆。

【220】安汶雀鲷 *Pomacentrus amboinensis*

英文名： Ambon damsel

形态特征： 体色多变，可呈淡黄褐色、淡紫色至黄色或深褐色。鳃盖上缘和胸鳍基部各有1小黑点。胸鳍基部的黑点稍大。除个体较大的成鱼外，一般背鳍后端有1黑色蓝边斑点。

分布特征： 礁栖鱼类，栖息地广泛，包括潟湖、礁区、水道等；栖息水深范围为2～40 m；分布于西太平洋海域。

生态习性： 通常以小群为单位活动；主要以藻类为食，也食浮游动物。

功能类群： 杂食性-底栖杂食型。

濒危等级： 未评估(NE)。

潜在危害： 无害。

优势度： 一般种。

遇见指数： ☆☆☆☆。

【221】班卡雀鲷 *Pomacentrus bankanensis*

英文名： Speckled damselfish

形态特征： 体呈褐色，胸、腹部颜色稍黄。眶间前额通常为橘红色至淡红色。头背部有一些线纹，延伸至背鳍。鳃盖上缘有1黑点。背鳍后末端具1蓝白边黑斑；胸鳍基部上方也有1黑点；尾鳍及尾柄白色。

分布特征： 礁栖鱼类，成鱼出现于潟湖、礁滩、水道和外礁坡，通常在较大颗粒的碎石或岩石中；栖息水深范围为0～32 m；分布于西太平洋海域。

生态习性： 通常单独或小群出现；主要以藻类为食，也以桡足类、等足类和被囊类为食。

功能类群： 杂食性-底栖杂食型。

濒危等级： 未评估(NE)。

潜在危害： 无害。

优势度： 一般种。

遇见指数： ☆☆☆☆。

【222】霓虹雀鲷 *Pomacentrus coelestis*

英文名：Neon damselfish

形态特征：体色多变，正常时体侧包括头部、背部等为蓝色，腹部、腹鳍、臀鳍、尾鳍和尾柄为鲜黄色，受到惊吓时体色变淡或灰白色。

分布特征：礁栖鱼类，成鱼栖息于潟湖和向海地礁区，靠近碎石基底；栖息水深范围为1～20 m；分布于印度洋东部-太平洋中西部海域。

生态习性：通常成群出现；以浮游动物及少部分底栖藻类为食。

功能类群：杂食性-底栖杂食型。

濒危等级：未评估(NE)。

潜在危害：无害。

优势度：一般种。

遇见指数：☆☆☆☆。

【223】颊鳞雀鲷 *Pomacentrus lepidogenys*

英文名： Scaly damsel

形态特征： 体呈灰白色至淡蓝绿色，腹部颜色淡。背鳍黄色或后半部黄色；尾鳍黄色；其他各鳍淡色；胸鳍基部上方有1小黑点。

分布特征： 礁栖鱼类，成鱼栖息于潟湖、水道和外礁坡；栖息水深范围为1～12 m；分布于印度洋-西太平洋海域。

生态习性： 通常单独或成群出现；以浮游动物为食。

功能类群： 杂食性-日行浮游食型。

濒危等级： 未评估(NE)。

潜在危害： 无害。

优势度： 稀有种。

遇见指数： ☆☆。

【224】摩鹿加雀雕 *Pomacentrus moluccensis*

英文名： Lemon damsel

形态特征： 体呈鲜黄色。鳃盖上部边缘有1很小的黑色斑点，有时不明显。臀鳍边缘有1黑色线纹。

分布特征： 礁栖鱼类，栖息于潟湖或外礁坡的上部；栖息水深范围为1～14 m；分布于西太平洋海域。

生态习性： 通常在枝状珊瑚的上部区域成群活动；以藻类和浮游甲壳类为食。

功能类群： 杂食性-日行浮游食型。

濒危等级： 未评估(NE)。

潜在危害： 无害。

优势度： 稀有种。

遇见指数： ☆☆☆。

【225】孔雀雀鲷 *Pomacentrus pavo*

英文名： Sapphire damsel

形态特征： 体色多变，有金属光泽的绿色到浅蓝色。头部有多条暗纹。鳃盖上缘有1暗斑。尾鳍末缘淡黄色。

分布特征： 礁栖鱼类，成鱼栖息于潟湖礁区周围的沙底区域，一般在点礁或碎石周围；栖息水深范围为1～18 m；分布于印度洋-太平洋海域。

生态习性： 通常成群；以浮游动物和丝状藻类为食。

功能类群： 杂食性-底栖杂食型。

濒危等级： 未评估(NE)。

潜在危害： 无害。

优势度： 稀有种。

遇见指数： ☆☆☆。

【226】菲律宾雀鲷 *Pomacentrus philippinus*

英文名： Philippine damsel

形态特征： 体呈黑褐色，鳞片中央颜色稍淡。背鳍和臀鳍褐色至黑色；胸鳍颜色淡或透明，基部上具1黑点；腹鳍黑色；尾鳍淡色至鲜黄色。

分布特征： 礁栖鱼类，成鱼出现于深度潟湖、落差2～12 m的陡峭峡道和向海礁区；栖息水深范围为1～12 m；分布于印度洋-西太平洋海域。

生态习性： 通常单独出现。

功能类群： 杂食性-底栖杂食型。

濒危等级： 未评估(NE)。

潜在危害： 无害。

优势度： 常见种。

遇见指数： ☆☆☆☆☆。

【227】王子雀鲷 *Pomacentrus vaiuli*

英文名： Ocellate damselfish

形态特征： 体呈淡黄褐色到深蓝色或深紫褐色，头部上半部、背部和背鳍尾橘黄色。头背部有几条蓝色点线状纵纹从吻端延伸至背鳍基部。鳃盖后上缘有1黑点。胸鳍基部上方也有1黑点；尾鳍淡至暗色，背鳍后端有1蓝色边黑斑。

分布特征： 礁栖鱼类，出现于潟湖和向海礁区中珊瑚和碎石混合区域；栖息水深范围为1～45 m；分布于太平洋海域。

生态习性： 单独出现；以丝状藻类和小型无脊椎动物为食。

功能类群： 杂食性-底栖杂食型。

濒危等级： 未评估(NE)。

潜在危害： 无害。

优势度： 常见种。

遇见指数： ☆☆☆☆☆。

（三十一）拟鲈科 Family Pinguipedidae

体延长呈圆筒形。眼大，近背位。口端位，颌齿细小而尖。全身被小圆鳞或栉鳞。背鳍单一；尾鳍圆形或截形。主要栖息于礁区附近宽广的小碎石区或沙地上。肉食性，以甲壳类的蟹和虾等为主要食物，偶尔也捕食小鱼。本书记录 1 属 2 种。

105. 拟鲈属 Genus *Parapercis*

【228】四棘拟鲈 *Parapercis clathrata*

英文名： Latticed sandperch

形态特征： 体侧有9横带，每横带中央偏下各有1黑斑，且自胸鳍基部至尾鳍基部的窄纹相连。雄鱼在颈背两侧各有1白边黑色眼斑；臀鳍外1/3处有一排黑色斑点；尾鳍具2黑色纵带，纵带间有1白色区域，周围有多个小黑点。

分布特征： 礁栖鱼类，栖息于水质清澈的潟湖和向海礁区中砂石与碎石的开放区域，或岩石表面，或在珊瑚顶部区域；栖息水深范围为3～50 m；分布于印度洋-西太平洋海域。

生态习性： 单独或小群出现；以鱼类和底栖甲壳类为食。

功能类群： 肉食性-一般肉食型。

濒危等级： 未评估(NE)。

潜在危害： 无害。

优势度： 稀有种。

遇见指数： ☆☆。

【229】斑尾拟鲈 *Parapercis hexophtalma*

英文名： Speckled sandperch

形态特征： 体上部1/3为带绿色至棕色的灰色，下部2/3为白色，体侧有3排或4排纵向分布的深棕色小斑点，有时由黑色窄条纹连接，下一排为离散的黄边黑色斑点，体和头部都有斑点。除个体较大的雄鱼外，面颊上有线纹。尾鳍上有黑色大斑点而容易被辨认。

分布特征： 礁栖鱼类，出现于浅水潟湖和封闭海礁区的沙和碎石底部；栖息水深范围为2～25 m；分布于印度洋-太平洋海域。

生态习性： 单独或小群出现；以鱼类和底栖甲壳类为食。

功能类群： 肉食性-一般肉食型。

濒危等级： 未评估(NE)。

潜在危害： 无害。

优势度： 少见种。

遇见指数： ☆☆☆。

（三十二）三鳍鳚科 Family Tripterygiidae

体型小，体延长，圆柱形。眼大，上侧位。吻尖突或圆突。体被细小或中大的栉鳞。背鳍 2；胸鳍宽大，末端延伸至臀鳍起点后；腹鳍喉位；尾鳍截形或圆形。主要栖息在藻类丰富的浅水礁区，在潮间带也有发现。杂食性，主要以藻类及小型无脊椎动物为食。本书记录 1 属 1 种。

106. 双线鳚属 Genus *Enneapterygius*

【230】隆背双线鳚 *Enneapterygius tutuilae*

英文名： High-hat Triplefin

形态特征： 体色多变。体表有5暗带并延伸至腹侧，吻端红色；臀鳍具一列黑斑。雄鱼的第一背鳍高，较大个体在第二背鳍的中上部有明显的黑点。

分布特征： 礁栖鱼类，成鱼出现于各种珊瑚礁生境，通常趴在海绵或珊瑚礁石凸起的地方；栖息水深范围为 0～55 m；分布于印度洋-西太平洋海域。

生态习性： 以浮游动物和藻类为食。

功能类群： 杂食性-日行浮游食型。

濒危等级： 无危(LC)。

潜在危害： 无害。

优势度： 一般种。

遇见指数： ☆。

（三十三）鳚科 Family Blenniidae

体延长，呈长椭圆形或鳗形，侧扁。头部有触须、皮瓣或皮突。上下颌具门齿，有些在后端具大犬齿，有些具唇齿。体裸露无鳞，或被小栉鳞。背鳍长；腹鳍喉位。栖息环境广泛，从淡水、咸淡水至珊瑚礁区均有分布，一般在礁区和潮间带活动。本书记录 7 属 10 种。

107. 稀棘鳚属 Genus *Meiacanthus*

【231】金鳍稀棘鳚 *Meiacanthus atrodorsalis*

英文名：Forktail blenny

形态特征：头及体前部深蓝色，越往后越浅，体后半为黄色。主要特征为眼部有1蓝边黑色条带，并延伸至背鳍基部。背鳍鲜黄色。成熟雄鱼的尾鳍上下鳍条延长呈丝状。

分布特征：礁栖鱼类，成鱼发现于潟湖和向海礁区30 m深的涌浪区；栖息水深范围为1～30 m；分布于西太平洋海域。

生态习性：单独或成对出现；以浮游动物和小型底栖无脊椎动物为食。

功能类群：肉食性-食小型无脊椎动物型。

濒危等级：无危(LC)。

潜在危害：有毒。

优势度：一般种。

遇见指数：☆☆☆☆☆。

【232】黑带稀棘鳚 *Meiacanthus grammistes*

英文名： Striped poison-fang blenny

形态特征： 腹部和体侧中轴为白色至淡褐色，身体其他部位为浅黄色，头部至尾部有3黑色纵带。背鳍外缘和基部为黑色，中间灰白色；臀鳍外缘黑色，基部有黑点；胸鳍和腹鳍灰白色；尾鳍不全黑或有黑点。尾柄处有多个黑色斑点。下颌两侧的犬齿内含有凹槽和毒腺，用以自卫及捕食。

分布特征： 礁栖鱼类，通常单独出现于潟湖和外礁坡，有时也会发现几尾成鱼聚集出现；栖息水深范围为1～20 m；主要分布于西太平洋海域。

生态习性： 以浮游动物和小型无脊椎动物为食。

功能类群： 肉食性-食小型无脊椎动物型。

濒危等级： 未评估(NE)。

潜在危害： 有毒。

优势度： 稀有种。

遇见指数： ☆☆☆

108. 横口鳚属 Genus *Plagiotremus*

【233】黑带横口鳚 *Plagiotremus tapeinosoma*

英文名： Piano fangblenny

形态特征： 头部以眼部水平中央为界，头部和体上半部褐色，体下半部灰白色，体侧上半部具多条深浅不一的黑褐色横带，并在靠近尾部位置连成1纵带。背鳍基部有1细纵带；背鳍和臀鳍基部颜色淡，末端棕色，边缘有1白线。

分布特征： 礁栖鱼类，成鱼栖息于清澈的潟湖和向海礁区；栖息水深范围为1～45 m；分布于印度洋-太平洋海域。

生态习性： 通过拟态“鱼医生”来伺机攻击其他鱼类，撕扯其他鱼类体表的组织、黏液，甚至是鳞片，来获取食物；面临危险或受到惊吓时则躲在管虫类遗留下的空穴中。

功能类群： 不详。

濒危等级： 无危(LC)。

潜在危害： 其他。

优势度： 一般种。

遇见指数： ☆☆☆。

【234】横口鳚 *Plagiotremus rhinorhynchos*

英文名： Bluestriped fangblenny

形态特征： 成鱼体色多变，体呈黑色至黄色。体侧有2蓝色纵带从吻端延伸至尾鳍基部。背、臀和尾鳍黄至橘红色。

分布特征： 礁栖鱼类，成鱼栖息于珊瑚丰富、水质清澈的潟湖和向海礁区；栖息水深范围为1～40 m；分布于印度洋-太平洋海域。

生态习性： 通过拟态“鱼医生”来伺机攻击其他鱼类，撕扯其他鱼类体表的组织、黏液，甚至是鳞片，来获取食物；面临危险或受到惊吓时则躲在管虫类遗留下的空穴中。

功能类群： 不详。

濒危等级： 无危(LC)。

潜在危害： 无害。

优势度： 少见种。

遇见指数： ☆☆☆。

109. 多须鳚属 Genus *Exallias*

【235】短多须鳚 *Exallias brevis*

英文名：Leopard blenny

形态特征：上唇有许多乳突。体表密布黑褐色斑点，各鳍也布满斑点。胸鳍、尾鳍浅黄色。成熟雄鱼在臀鳍硬棘有1螺旋状的膨大肉趾。

分布特征：礁栖鱼类，成鱼出现在水质清澈的礁区，通常为海湾和半开放的区域；栖息水深范围为3～20 m，通常为3～8 m；分布于印度洋-太平洋海域。

生态习性：经常停歇在枝状珊瑚上；以珊瑚组织为食。

功能类群：珊瑚食性-专食珊瑚型

濒危等级：无危(LC)。

潜在危害：无害。

优势度：稀有种。

遇见指数：☆。

110. 缌肩鳚属 Genus *Cirripectes*

【236】斑缌肩鳚 *Cirripectes quagga*

英文名：Squiggly blenny

形态特征：头与体浅褐色，体表布满小白点。头侧具少许断纹或圆圈。吻部具不规则黑纹。眼下方有1暗带斜伸至上唇，眼下缘另具1暗带。

分布特征：礁栖鱼类，主要栖息于珊瑚礁和岩礁的浅水区域；栖息水深范围为0～19 m，通常为0～10 m；分布于印度洋-西太平洋海域。

生态习性：以藻类、碎屑和小型无脊椎动物为食。

功能类群：杂食性-底栖杂食型。

濒危等级：无危(LC)。

潜在危害：无害。

优势度：稀有种。

遇见指数：☆。

【237】火红穗肩鳚 *Cirripectes castaneus*

英文名：Chestnut eyelash-blenny

形态特征：体色多变，由黑褐间隔色带至红褐色的网纹围绕灰褐色斑点，雌鱼通常为网纹体色。颊部、吻部、上唇和头部下方具浅黑色至褐色的斑点，或具红色色带。

分布特征：礁栖鱼类，主要栖息于珊瑚礁和岩礁的浅水区域；栖息水深范围为0～32 m，通常为0～10 m；分布于印度洋-太平洋海域。

生态习性：以藻类、碎屑和小型无脊椎动物为食。

功能类群：杂食性-底栖杂食型。

濒危等级：无危(LC)。

潜在危害：无害。

优势度：稀有种。

遇见指数：☆。

111. 真动齿鳚属 Genus *Blenniella*

【238】红点动齿鳚 *Blenniella chrysospilos*

英文名：Red-spotted blenny

形态特征：双眼上方各有1两分支或三分支的皮质触角。雌鱼体侧有9对横带，横带内散布红褐色或黑色小点。雄鱼头部散布红点，眼后有短的黑色横线；体侧有8～9横斑，有时不明显；背鳍的棘部末端黑色，散布红点，边缘淡褐色；臀鳍淡色至黑色；胸鳍有几列黑色或红色斑点；尾鳍下半部灰黑色。

分布特征：礁栖鱼类，栖息于礁坪区域，通常处于潮间带礁石区，栖息地周边藻类一般较为丰富；栖息水深范围为0～6 m；分布于印度洋-太平洋海域。

生态习性：通常穴居于小洞中；以藻类、碎屑和小型无脊椎动物为食。

功能类群：植食性-固定碎屑食型。

濒危等级：无危(LC)。

潜在危害：无害。

优势度：稀有种。

遇见指数：☆。

112. 异齿鳚属 Genus *Ecsenius*

【239】巴氏异齿鳚 *Ecsenius bathi*

英文名： Bath’s comb-tooth

形态特征： 体色在性别之间有所差异。雌鱼头部黄色，体侧有黑色纵带。雄鱼头部橘红色，体侧有红褐色纵带。

分布特征： 礁栖鱼类，栖息于潮间带至10 m左右的珊瑚礁区；栖息水深范围为3～25 m；分布于太平洋中西部海域。

生态习性： 单独或成小群出现，通常出现于海绵、被囊动物周围，或停歇于大型圆盘状珊瑚上；以藻类为食。

功能类群： 植食性-固定碎屑食型。

濒危等级： 无危(LC)。

潜在危害： 无害。

优势度： 稀有种。

遇见指数： ☆☆☆。

113. 呆鳚属 Genus *Stanulus*

【240】塞舌尔呆鳚 *Stanulus seychellensis*

英文名：Seychelle's blenny

形态特征：体表有黄褐色的网状斑纹，腹部白色。头部黄褐色。鳃盖有1橙黄色的六角形斑纹。胸鳍基部有1浅黄色斑块，中央有1白线。

分布特征：礁栖鱼类，成鱼栖息于开放的外礁滩和向海礁区的涌浪区；栖息水深范围为1～8 m；分布于印度洋-太平洋海域。

生态习性：未知。

功能类群：不详。

濒危等级：无危(LC)。

潜在危害：无害。

优势度：稀有种。

遇见指数：☆。

（三十四）镰鱼科 Family Zanclidae

体近圆形，侧扁而高。吻突出而尖，呈管状。背鳍高立，末端延长如丝。从浅水到水深 180 m 皆有。杂食性，主要以底栖动物为食。本书记录 1 属 1 种。

114. 镰鱼属 Genus *Zanclus*

【241】镰鱼 *Zanclus cornutus*

英文名： Moorish idol

形态特征： 体侧扁呈盘状，体呈白色至黄色。头部在眼前缘至胸鳍基部后具极宽的黑色区域，体后端另具1黑色横带，其后有1白色细横带。吻部突出呈管状，吻上方具1三角形镶黑斑的黄色斑块，吻背部黑色。眼上方具2白纹。背鳍延长呈丝状；胸鳍基部下方具1环状白纹；腹鳍和尾鳍黑色，具白色边缘。

分布特征： 礁栖鱼类，栖息于潟湖、礁滩和向海礁区；栖息水深范围为3～182 m，通常为5～182 m；广泛分布于印度洋-太平洋海域。

生态习性： 成鱼单独、成对出现，偶尔成群；以小型带壳的动物为食。

功能类群： 肉食性-食小型无脊椎动物型。

濒危等级： 无危(LC)。

潜在危害： 无害。

优势度： 优势种。

遇见指数： ☆☆☆☆☆。

（三十五）刺尾鱼科 Family Acanthuridae

体呈卵圆形或长椭圆形，侧扁。口小，端位。体被小栉鳞。背鳍 1，连续且基底长；尾鳍凹形、新月形或截形。尾柄细而有力，尾柄部有 1 至数硬棘或骨板，有时退化或消失。主要栖息于岩岸潮池、浪拂区、岩礁及珊瑚礁区。日行性。大部分摄食藻类，但也有部分以浮游动物为食或滤食碎屑。本书记录 5 属 17 种。

115. 栉齿刺尾鱼属 Genus *Ctenochaetus*

【242】双斑栉齿刺尾鱼 *Ctenochaetus binotatus*

英文名：Twospot surgeonfish

形态特征：体呈橘褐色，体侧有许多淡蓝色波状纵线。背鳍和臀鳍深褐色；背鳍和臀鳍后基部有明显的黑色斑点。成鱼眼眶周围有1蓝色环状斑纹。成鱼尾鳍棕色，幼鱼黄色。

分布特征：礁栖鱼类，常分布于礁区、近岸沿海、潟湖；栖息水深范围为8～53 m，通常为10～50 m；广泛分布于印度洋-太平洋海域。

生态习性：一般独行；以礁石表面的藻类为食。

功能类群：植食性-游动碎屑食型。

濒危等级：无危(LC)。

潜在危害：有雪卡毒素中毒报道。

优势度：稀有种。

遇见指数：☆☆。

【243】塞氏栉齿刺尾鱼 *Ctenochaetus cyanocheilus*

英文名： Short-tail bristle-tooth

形态特征： 体呈棕色至暗棕色；体侧有许多蓝色条纹。吻部蓝色。眼眶边缘环绕有狭小的暗黄色斑纹。头部、胸鳍基部以上和胸部具有细小的淡黄色斑点；胸鳍和腹鳍深褐色。

分布特征： 礁栖鱼类，常分布于礁区、近岸沿海、潟湖；栖息水深范围为1～46 m，通常为7～15 m；分布于西太平洋海域。

生态习性： 独行或群体；以藻类和小型无脊椎动物为食。

功能类群： 植食性-游动碎屑食型。

濒危等级： 无危(LC)。

潜在危害： 无害。

优势度： 稀有种。

遇见指数： ☆。

【244】栉齿刺尾鱼 *Ctenochaetus striatus*

英文名： Striated surgeonfish

形态特征： 体呈椭圆形，侧扁。体暗褐色，体侧有许多蓝色波浪状纵线。口小，上下颌排列分布刷毛状牙齿。头部及颈部具有橙色小斑点。幼鱼背鳍后端基部有黑点。

分布特征： 礁栖鱼类，常分布于礁区、近岸沿海、潟湖，栖息水深范围为1～35 m，通常为6～30 m；广泛分布于印度洋-太平洋海域。

生态习性： 独行或群体，也常与其他鱼类共游；以微藻和碎屑为食，在珊瑚礁表面清洁方面发挥重要作用。

功能类群： 植食性-游动碎屑食型。

濒危等级： 无危(LC)。

潜在危害： 有雪卡毒素中毒报道。

优势度： 优势种。

遇见指数： ☆☆☆☆☆。

116. 高鳍刺尾鱼属 Genus *Zebrasoma*

【245】高鳍刺尾鱼 *Zebrasoma veliferum*

英文名： Sailfin tang

形态特征： 体表有黄色和黑色相间的条纹。背鳍非常高。幼鱼体呈黄色，体表也有条纹。

分布特征： 礁栖鱼类，常发现于潟湖和向海的礁区中；栖息水深范围为1～45 m，通常为2～30 m；分布于印度洋-太平洋海域。

生态习性： 以叶状的大型藻类为食。

功能类群： 植食性-食大型藻型。

濒危等级： 无危(LC)。

潜在危害： 无害。

优势度： 稀有种。

遇见指数： ☆。

【246】小高鳍刺尾鱼 *Zebrasoma scopas*

英文名： Twotone tang

形态特征： 体呈深棕色，体侧后部有多条蓝色细纵纹。头部及体侧前部散布蓝色小点。尾柄棘白色。幼鱼体表有较成鱼更为明显的黄色条纹和斑点。

分布特征： 礁栖鱼类，通常出现于珊瑚覆盖率较高的潟湖和向海的礁区；栖息水深范围为1～60 m；分布于印度洋-太平洋海域。

生态习性： 成鱼群体，幼鱼往往单独藏于珊瑚中；以大型藻类和丝状藻类为食。

功能类群： 植食性-食大型藻型。

濒危等级： 无危(LC)。

潜在危害： 无害。

优势度： 一般种。

遇见指数： ☆☆☆☆。

117. 刺尾鱼属 Genus *Acanthurus*

【247】横带刺尾鱼 *Acanthurus triostegus*

英文名： Convict surgeonfish

形态特征： 体呈灰绿色至黄绿色，腹部白色；体表有5黑色横纹，第一横纹从眼部贯穿，最后一横纹位于尾柄前方。各鳍淡色至黄绿色。尾柄上方具有1黑色鞍状斑，腹侧具1黑点，头部上方两眼中间至吻端有1黑色窄带。

分布特征： 礁栖鱼类，成鱼栖息于潟湖或具坚硬底质、靠海的礁区，幼鱼则在潮池中较多；栖息水深范围为0～90 m；广泛分布于印度洋-太平洋海域。

生态习性： 平时不聚集成群，觅食时聚集成群，以抵抗其他具有领域性植食性鱼类的攻击，产卵时也会集结成群；主要以丝状藻类为食。

功能类群： 植食性-割食型。

濒危等级： 无危(LC)。

潜在危害： 有雪卡毒素中毒报道。

优势度： 稀有种。

遇见指数： ☆☆☆。

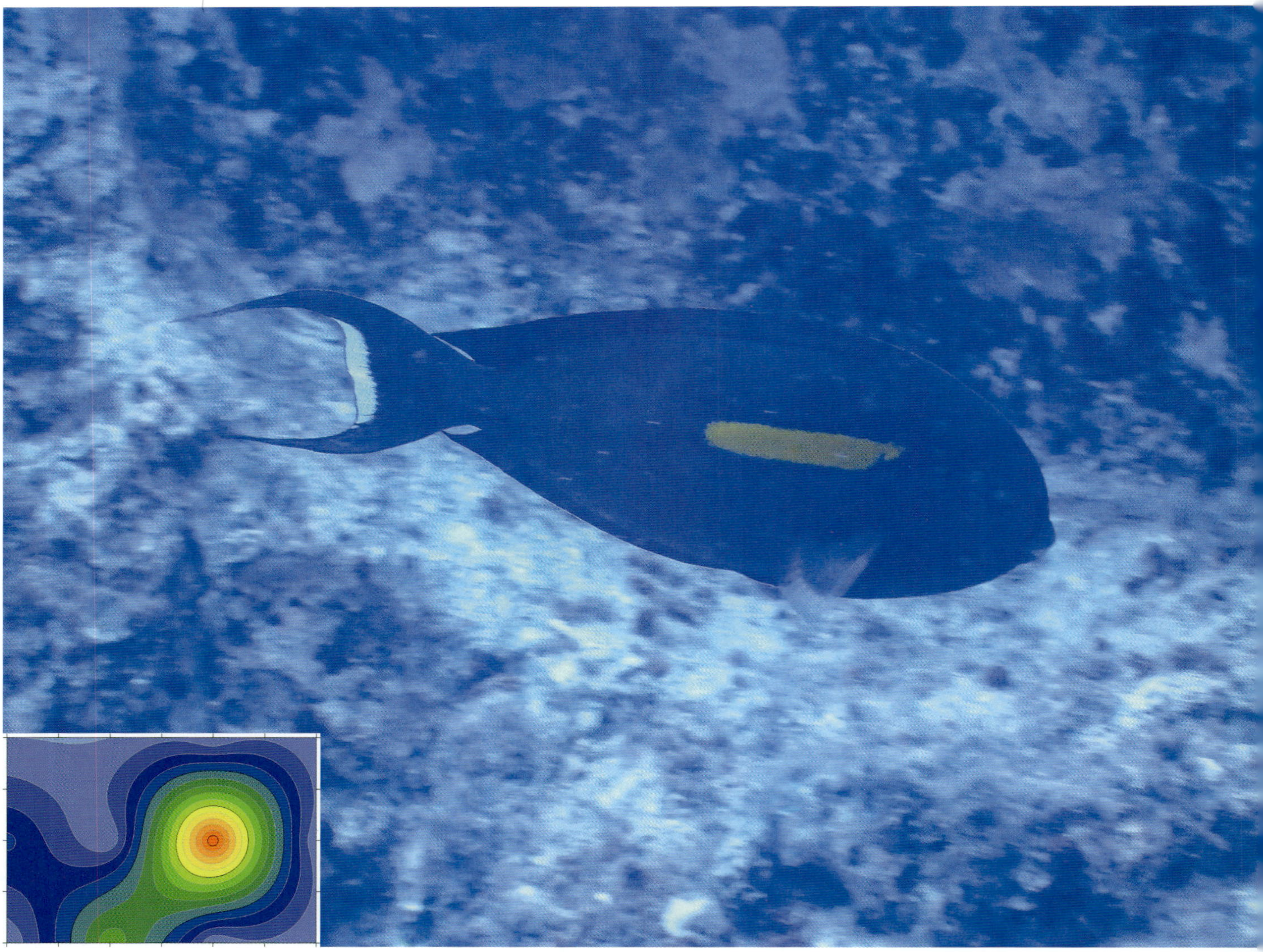

【248】橙斑刺尾鱼 *Acanthurus olivaceus*

英文名： Orangespot surgeonfish

形态特征： 成鱼体深灰色至暗棕色，幼鱼黄色。相对于体后半部，头部和体前半部为苍白色。鳃盖上端有亮橙色纵向条带，条带边缘为紫黑色体。尾鳍末端边缘白色。

分布特征： 礁栖鱼类，栖息于向海的暗礁中，底质多为裸露的礁石或碎石与沙的混合底质；栖息水深范围为3～46 m，通常为9～46 m；广泛分布于印度洋-太平洋海域。

生态习性： 主要以礁石和砂石表面的碎屑、硅藻和丝状藻类为食。

功能类群： 植食性-游动碎屑食型。

濒危等级： 无危(LC)。

潜在危害： 无害。

优势度： 少见种。

遇见指数： ☆☆☆。

【249】彩带刺尾鱼 *Acanthurus lineatus*

英文名： Lined surgeonfish

形态特征： 体上部3/4有交替的黑边蓝色条纹和黄色条纹，而体下部1/4为灰色或淡蓝色。头上部有黄色的斜条纹。胸鳍苍白色有暗淡的线纹；腹鳍浅黄棕色，边缘黑色；尾鳍前部暗褐色，后接1蓝色弯月纹。尾柄上的棘有毒。

分布特征： 礁栖鱼类，常见于向海的外礁潮间带；栖息水深范围为0～15 m，通常为1～3 m；分布于印度洋-太平洋海域。

生态习性： 有领域性，往往由一尾体型较大的雄鱼控制多尾雌鱼，占据一块具有明显边界的摄食区域，通常在浅水区域成群出现；植食性，但也以甲壳类为食。

功能类群： 植食性-食大型藻型。

濒危等级： 无危(LC)。

潜在危害： 有毒。

优势度： 稀有种。

遇见指数： ☆☆。

【250】黄翼刺尾鱼 *Acanthurus xanthopterus*

英文名：Yellowfin surgeonfish

形态特征：体呈紫灰色，体侧与头部常出现多条不规则的波状纵线。眼前部有1暗黄色区域，向眼下方延伸变小。胸鳍外缘2/3为黄色；背鳍、臀鳍基部黄灰色；尾鳍蓝灰色，基部白色。

分布特征：礁栖鱼类，幼鱼栖息于较浅的礁区或浑浊区域，成鱼则栖息于较深水域的潟湖或礁区；栖息水深范围为0～100 m，通常为5～90 m；分布于印度洋-太平洋海域。

生态习性：通常成群出现于外礁坡的陡峭处或沟壑等；以硅藻、碎屑和丝状藻类为食。

功能类群：植食性-游动碎屑食型。

濒危等级：无危(LC)。

潜在危害：有毒。

优势度：稀有种。

遇见指数：☆。

【251】双斑刺尾鱼 *Acanthurus nigrofuscus*

英文名： Brown surgeonfish

形态特征： 体呈褐色，体侧有或无青灰色纵线。头部散布有许多橙色斑点。背鳍和基部各有1突出的黑点或蓝点。

分布特征： 礁栖鱼类，常分布于浅潟湖和向海礁区的硬质底区域；栖息水深范围为0～25 m，通常为2～25 m；广泛分布于印度洋-太平洋海域。

生态习性： 一般成群活动；以礁石表面的丝状藻类为食。

功能类群： 植食性-割食型。

濒危等级： 无危(LC)。

潜在危害： 有雪卡毒素中毒报道。

优势度： 常见种。

遇见指数： ☆☆☆。

【252】黑鳃刺尾鱼 *Acanthurus pyroferus*

英文名： Chocolate surgeonfish

形态特征： 幼鱼体色呈3种形态模仿其他鱼类：全部为黄色；身体黄色，鳃盖、背鳍、臀鳍和尾鳍具蓝色边缘；体淡灰绿色，后部逐渐变黑色。成鱼体呈略带紫色的黑色，体侧不具有任何线纹；鳃盖后方有呈扩散装的橙色斑纹至胸鳍基部上方；鳃盖后部具有黑色宽斜带；背鳍和臀鳍黑褐色，边缘黑色，基部各具1黑色线纹，尾鳍黑褐色，具黄色宽线纹。

分布特征： 礁栖鱼类，主要栖息于潟湖和向海的珊瑚礁区，倾向于选择珊瑚礁或珊瑚、礁石和沙子混合的底质；栖息水深范围为4～60 m，通常为5～40 m；分布于印度洋-太平洋海域。

生态习性： 幼鱼模仿其他鱼类，且生性机警，活动隐秘，以躲避捕食者；以附着藻类、硅藻和有机碎屑为食。

功能类群： 植食性-游动碎屑食型。

濒危等级： 无危(LC)。

潜在危害： 无害。

优势度： 一般种。

遇见指数： ☆☆☆。

【253】日本刺尾鱼 *Acanthurus japonicus*

英文名： Japan surgeonfish

形态特征： 体呈黑褐色。眼下方至吻上方具1白色宽斜带。背鳍和臀鳍基部各具有1黄色条带，背鳍后端软鳍条部分具有1鲜亮的橙色条纹；胸鳍基部黄色，其余为灰黑色；奇鳍边缘蓝色；尾鳍淡灰白色，上下边缘为淡蓝色。

分布特征： 礁栖鱼类，主要栖息于清澈的、向海的潟湖或礁区；栖息水深范围为1～20 m，通常为5～15 m；分布于印度洋-西太平洋海域。

生态习性： 主要以丝状藻类为食。

功能类群： 植食性-割食型。

濒危等级： 无危(LC)。

潜在危害： 无害。

优势度： 优势种。

遇见指数： ☆☆☆☆☆。

118. 副刺尾鱼属 Genus *Paracanthurus*

【254】副刺尾鱼 *Paracanthurus hepatus*

英文名：Palette surgeonfish

形态特征：体呈椭圆形，侧扁。体蓝色，体上半部从胸鳍中央至尾柄全为黑色，但胸鳍后方具有1长椭圆形蓝斑。眼后另具1黑带沿背鳍基部与体侧黑斑相连。背鳍、臀鳍和腹鳍蓝色，边缘黑色；胸鳍前部蓝色后部黄色；尾鳍截形，黄色，上下边缘为黑色。

分布特征：礁栖鱼类，通常栖息于向海的、水体清澈、水流经常冲刷的礁区；栖息水深范围为2～40 m，通常为10～40 m；分布于印度洋-太平洋海域。

生态习性：幼鱼聚集于鹿角珊瑚附近，当危险来临或受到惊吓时躲藏于鹿角珊瑚中；主要以浮游动物为食，偶尔以藻类为食。

功能类群：杂食性-日行浮游食型。

濒危等级：无危(LC)。

潜在危害：有毒。

优势度：稀有种。

遇见指数：☆。

119. 鼻鱼属 Genus *Naso*

【255】短吻鼻鱼 *Naso brevirostris*

英文名： Spotted unicornfish

形态特征： 体呈椭圆形而侧扁。体呈深棕绿色至暗褐色。头小，眼前额部随生长年龄的增加而逐渐突起，并形成1长而钝圆的水平角状突起。亚成鱼的头部及体侧散布暗色小点。成鱼体侧具多条暗色横带，横带上下散布暗色小点。尾柄处有2盾状骨板，各有1龙骨突。尾鳍白色至淡蓝色，基部具1深色大斑点；尾鳍截形，上下叶不延长。

分布特征： 礁栖鱼类，一般分布于外礁坡和外礁坡；栖息水深范围为2～122 m，通常为4～46 m；分布于印度洋-太平洋海域。

生态习性： 通常以小群为单位活动，在水流较强的区域则聚集成大群；幼鱼和亚成鱼以底栖藻类为食，成鱼以浮游动物为食。

功能类群： 杂食性-日行浮游食型。

濒危等级： 无危(LC)。

潜在危害： 有雪卡毒素中毒报道。

优势度： 稀有种。

遇见指数： ☆。

【256】颊吻鼻鱼 *Naso lituratus*

英文名： Orangespine unicornfish

形态特征： 体呈卵圆形而侧扁。体灰褐色。吻部上方至颈部为黑色。眼后方至上方具1黄色斑块。尾柄处有2盾状骨板，各有1龙骨突。背鳍黑色，沿着背部，基部有1浅蓝色的线纹，在柔软部分有块较宽的白色区域；臀鳍橙色。成年雄鱼尾鳍上下缘均具有尾随的细丝。

分布特征： 礁栖鱼类，常发现于潟湖和向海的珊瑚礁、岩石和碎石区域；栖息水深范围为0～90 m，通常为5～30 m；分布于印度洋-太平洋海域。

生态习性： 主要以叶状褐藻为食，如马尾藻和网地藻。

功能类群： 植食性-食大型藻型。

濒危等级： 无危(LC)。

潜在危害： 有毒。

优势度： 一般种。

遇见指数： ☆☆☆。

【257】丝尾鼻鱼 *Naso vlamingii*

英文名： Orange-spotted emperor
形态特征： 体呈黑褐色；体侧有较多紧密排列的深蓝色横纹，横纹上下方散布有许多蓝色细小斑点。头部有深蓝色细小斑点。头吻部周边有一蓝色环带。眼部前部有蓝色线纹。成鱼的前额部无角状或瘤状突起。背鳍、臀鳍和尾鳍上下叶边缘蓝色；尾鳍上下叶延长呈丝状。
分布特征： 礁栖鱼类，栖息于水深较深的潟湖和向海礁区；栖息水深范围为1～50 m；分布于印度洋-太平洋海域。
生态习性： 白天单独或成对在陡坡区域活动；杂食性，主要以浮游动物为食。
功能类群： 杂食性-日行浮游食型。
濒危等级： 无危(LC)。
潜在危害： 无害。
优势度： 稀有种。
遇见指数： ☆。

【258】长吻鼻鱼 *Naso unicornis*

英文名： Bluespine unicornfish
形态特征： 体呈椭圆形而侧扁。体呈蓝灰色，腹侧黄褐色。头部两眼前方有1长的角状突起，长度接近吻长。尾柄上有2蓝黑色的盾状骨板。背鳍与臀鳍上有多条蓝边深色纵线；尾鳍截平，上下叶延长呈丝状。
分布特征： 礁栖鱼类，主要栖息于水道、潟湖和有浪涌的向海礁区；栖息水深范围为1～180 m；分布于印度洋-太平洋海域。
生态习性： 通常以小群为单位活动，有时单独活动；主要在白天摄食马尾藻等叶状褐藻。
功能类群： 植食性-食大型藻型。
濒危等级： 无危(LC)。
潜在危害： 有雪卡毒素中毒报道。
优势度： 稀有种。
遇见指数： ☆。

（三十六）蓝子鱼科 Family Siganidae

体呈长卵圆形，极侧扁。头小。吻略尖突，或突出而呈管状。体被极小的圆鳞。背鳍单一；胸鳍圆形；尾鳍内凹或叉形。幼鱼大都成群栖息于枝状珊瑚丛中，有的则在混浊的红树林或河口区成长；成鱼则成群洄游至珊瑚礁区，还有些生活在河口或港口区。日行性鱼类，以藻类为食。本书记录 1 属 4 种。

120. 蓝子鱼属 Genus *Siganus*

【259】银色蓝子鱼 *Siganus argenteus*

英文名：Streamlined spinefoot

形态特征：体背缘和腹缘呈弧形。体背部略显蓝色，腹部银白色。头部后方及体侧遍布黄色小斑点。头小。吻尖突，但不呈管状。鳃盖后缘有1黑色短带。尾柄细长。背鳍单一，硬鳍条与软鳍条之间有1缺刻；背鳍与尾鳍黄色；臀鳍与腹鳍银色；胸鳍暗黄色；尾鳍深叉。

分布特征：礁栖鱼类，栖息于向海礁区、内礁坡或潟湖中；栖息水深范围为1～40 m，通常为1～30 m；分布于印度洋-太平洋海域。

生态习性：通常成群活动；以底栖藻类为食。

功能类群：植食性-食大型藻型。

濒危等级：无危(LC)。

潜在危害：有毒。

优势度：稀有种。

遇见指数：☆。

【260】眼带蓝子鱼 *Siganus puellus*

英文名： Masked spinefoot

形态特征： 体色背部黄色或橙黄色，腹部银白色。头部有1明显的黑色条带。体侧具银蓝色波浪状条纹，胸鳍附近为横向的，体侧其余部分则为纵向。鳃盖后缘有银蓝色条带。背鳍和臀鳍黄色，硬棘部分有白色条纹，且坚硬、有毒。

分布特征： 礁栖鱼类，多出现于珊瑚丰富、水质清澈的潟湖或向海礁区的浅水区域，体长超过7 cm的个体通常在浅滩、潟湖和外礁滩成群，尤其是在以鹿角珊瑚为主导的区域；栖息水深范围为1～30 m，通常为2～30 m；分布于印度洋-西太平洋海域。

生态习性： 成鱼成对出现；幼鱼以丝状藻类为食，成鱼食性杂，以藻类、被囊类和海绵为食，白天在水层觅食，夜晚至底层休息。

功能类群： 杂食性-底栖杂食型。

濒危等级： 无危(LC)。

潜在危害： 有毒。

优势度： 稀有种。

遇见指数： ☆☆☆。

【261】斑蓝子鱼 *Siganus punctatus*

英文名： Goldspotted spinefoot

形态特征： 体呈椭圆形，体高而侧扁。头及体侧呈蓝褐色至黑褐色；头部、体侧及尾鳍上散布有许多黑边金黄色斑点。吻尖，但不形成管状。鳃盖后上方有1眼径大小的斑点。尾柄较粗。背鳍、臀鳍与体同色或较深色；尾鳍深叉形。

分布特征： 礁栖鱼类，栖息于水质清澈的潟湖和向海礁区；栖息水深范围1～40 m；分布于西太平洋海域。

生态习性： 幼鱼成群活动，至多形成50尾的鱼群，体长超过15 cm开始成对生活；以底栖藻类为食。

功能类群： 植食性-食大型藻型。

濒危等级： 无危(LC)。

潜在危害： 有毒。

优势度： 稀有种。

遇见指数： ☆。

【262】狐蓝子鱼 *Siganus vulpinus*

英文名： Foxface

形态特征： 头部中央有1白色火焰状纹路。鳃盖下方胸部为黑色。眼部后方体侧为白色，其余部分为黄色或橙黄色。背棘坚硬、有毒，从第一背棘基部至下颌有1黑色条带。

分布特征： 礁栖鱼类，主要出现于珊瑚丰富（通常为鹿角珊瑚）的潟湖和向海礁区；栖息水深范围不超过30 m，通常为1～30 m；分布于西太平洋海域。

生态习性： 有时有领域性，通常单独或成对出现；以生长在枝状珊瑚上的藻类为食。

功能类群： 植食性-食大型藻型。

濒危等级： 无危(LC)。

潜在危害： 有毒。

优势度： 稀有种。

遇见指数： ☆☆☆。

（三十七）鲭科 Family Scombridae

体延长，纺锤形。头大，锥形。体被小圆鳞。尾柄细瘦，两侧有 2 ～ 3 隆起的棱脊。尾鳍深叉或新月形。群游性鱼类，且周年洄游于大洋的表层水面，主要以鱼类、乌贼及甲壳类为食。本书记录 1 属 1 种。

121. 裸狐鲣属 Genus *Gymnosarda*

【263】裸狐鲣 *Gymnosarda unicolor*

英文名： Dogtooth tuna

形态特征： 背部和体上半部蓝黑色，腹部浅色，体表无线条或斑点。口大，上颚延伸至眼下。侧线起伏大。尾鳍新月形。

分布特征： 礁栖鱼类，主要出现在珊瑚礁周边的近海物种；栖息水深范围为10～250 m；分布于印度洋-太平洋海域。

生态习性： 通常单独出现或形成6尾或以下的小群，游泳迅速，捕食小型鱼类，如圆鲹、梅鲷、丝隆头鱼、鳞鳍梅鲷和乌贼等。

功能类群： 肉食性-食鱼型。

濒危等级： 无危(LC)。

潜在危害： 有雪卡毒素中毒报道。

优势度： 稀有种。

遇见指数： ☆。

（三十八）鳍塘鳢科 Family Ptereleotridae

体延长，鳗形，侧扁。眼侧位。体被圆鳞，有些为弱栉鳞；无侧线。背鳍2；尾鳍凹形或截形。本书记录2属4种。

122. 鳍塘鳢属 Genus *Ptereleotris*

【264】黑尾鳍塘鳢 *Ptereleotris evides*

英文名：Blackfin dartfish

形态特征：体浅蓝灰色，体后部为黑色。第一背鳍暗橙色，第二背鳍和臀鳍大部分为黑色；胸鳍基部有带蓝边的橙色至橙红色的条带；尾鳍凹处黑色到深红色。幼鱼尾鳍下基部有1比眼大的圆斑。

分布特征：礁栖鱼类，多出现于外礁坡，也栖息于潟湖和海湾；栖息水深范围为2～15 m；分布于印度洋-太平洋海域。

生态习性：幼鱼通常成群，成鱼一般成对出现，一雄一雌；在离海底1～2 m处盘旋，以浮游动物为食。

功能类群：杂食性-日行浮游食型。

濒危等级：无危(LC)。

潜在危害：无害。

优势度：一般种。

遇见指数：☆☆☆☆。

【265】尾斑鳍塘鳢 *Ptereleotris heteroptera*

英文名： Blacktail goby

形态特征： 体浅蓝色至浅灰蓝色。尾鳍淡黄色，有时具橙色条纹，尾鳍中央有1较大黑色斑纹。

分布特征： 礁栖鱼类，出现于潟湖、海湾、水道或外礁坡，硬质底、碎石、沙地均有发现，通常靠近礁底；栖息水深范围为5～46 m，通常为5～15 m；分布于印度洋-太平洋海域。

生态习性： 成鱼通常成对，一雄一雌，幼鱼则成群出现；以浮游动物为食。

功能类群： 杂食性-日行浮游食型。

濒危等级： 无危(LC)。

潜在危害： 无害。

优势度： 稀有种。

遇见指数： ☆。

【266】斑马鳍塘鳢 *Ptereleotris zebra*

英文名： Chinese zebra goby

形态特征： 体淡黄色至灰绿色，体侧有多条橙红色横带。眼部下半部至下颚被1宽的蓝边深红色至紫色斑块所覆盖。胸鳍基部有1橙红色的横带，横带两边为亮蓝色。

分布特征： 礁栖鱼类，通常在向海礁区硬质底、暴露的、相对较浅的区域；栖息水深范围为2～31 m，通常为2～4 m；分布于印度洋-太平洋海域。

生态习性： 通常成群；以浮游动物为食。

功能类群： 杂食性-日行浮游食型。

濒危等级： 无危(LC)。

潜在危害： 无害。

优势度： 稀有种。

遇见指数： ☆。

123. 线塘鳢属 Genus *Nemateleotris*

【267】大口线塘鳢 *Nemateleotris magnifica*

英文名： Fire goby

形态特征： 体前半部白色，并逐渐过渡至体后半部的红色至红棕色。头部黄色。尾部暗棕色。第一背鳍延长如丝状。

分布特征： 礁栖鱼类，栖息于外礁坡的上方区域；栖息水深范围为6～70 m，通常为6～28 m；分布于印度洋-太平洋海域。

生态习性： 成对或成群出现；以浮游动物、桡足类和甲壳类幼体为食。

功能类群： 杂食性-日行浮游食型。

濒危等级： 无危(LC)。

潜在危害： 无害。

优势度： 常见种。

遇见指数： ☆☆☆☆☆。

（三十九）蠕鳢科 Family Microdesmidae

体延长，鳗形，侧扁。眼侧位。体被圆鳞，有些为弱栉鳞；无侧线。大多穴居于沙地或泥地，也栖息于珊瑚礁、河口等地。以底栖无脊椎动物或浮游动物为食。本书记录1属1种。

124. 鳚虾虎属 Genus *Gunnellichthys*

【268】鳃斑鳚虾虎 *Gunnellichthys monostigma*

英文名：Onespot wormfish

形态特征：体蓝色至黄褐色。鳃盖后方有1小黑斑。眼部下方有1半环状的蓝色纹路。

分布特征：礁栖鱼类，栖息于受水流影响的沿海沙坡或开阔沙地上；栖息水深范围为1～20 m，通常为6～20 m；分布于印度洋-太平洋海域。

生态习性：单独或成对出现；以底栖和浮游性的甲壳类为食。

功能类群：杂食性-日行浮游食型。

濒危等级：无危(LC)。

潜在危害：无害。

优势度：稀有种。

遇见指数：☆。

（四十）虾虎鱼科 Family Gobiidae

种类繁多，体形各异。口大或中大。体被栉鳞或圆鳞，有些种类鳞退化或埋于皮下；无侧线。背鳍 2；胸鳍大，圆形；尾鳍圆形或尖形。体型均很小，大多数体长不超过 10 cm。栖息于溪流、河口、沙岸、岩岸至珊瑚礁区等；且大部分为底栖性。多数为肉食性，食物复杂，主要为甲壳类、海绵、环节动物、多毛类及鱼等。本书记录 4 属 8 种。

125. 钝塘鳢属 Genus *Amblyeleotris*

【269】点纹钝塘鳢 *Amblyeleotris guttata*

英文名： Spotted prawn-goby

形态特征： 体白色或浅灰色。体侧有4～5黑色到淡棕色条纹，体侧靠前的2条纹颜色深于其他条纹。头部和身体上具有许多亮橙色斑点。眼上有辐射状的标记。第一背鳍中部硬棘延长呈丝状；臀鳍和腹鳍泛黑。

分布特征： 礁栖鱼类，栖息于潟湖外缘和向海礁区的点礁或沙地中；栖息水深范围为10～40 m；分布于西太平洋海域。

生态习性： 杂食性，以藻类和底栖动物为食。

功能类群： 杂食性-底栖杂食型。

濒危等级： 未评估(NE)。

潜在危害： 无害。

优势度： 稀有种。

遇见指数： ☆。

【270】施氏钝塘鳢 *Amblyeleotris steinitzi*

英文名： Steinitz' prawn-goby

形态特征： 体黄白色，头部和体部有5暗褐色横纹。与红纹钝塘鳢（*Amblyeleotris wheeleri*）不同，该种体侧横带为暗褐色，且数量更多。第一背鳍和第二背鳍具有许多小暗点；胸鳍透明；其余各鳍颜色淡。

分布特征： 礁栖鱼类，栖息于潟湖外缘和向海礁区的沙底区域；栖息水深范围为2～43 m；分布于印度洋-太平洋海域。

生态习性： 常与枪虾营共生生活；杂食性，以藻类和底栖动物为食。

功能类群： 杂食性-底栖杂食型。

濒危等级： 未评估(NE)。

潜在危害： 无害。

优势度： 稀有种。

遇见指数： ☆。

126. 矶塘鳢属 Genus *Eviota*

【271】细点矶塘鳢 *Eviota albolineata*

英文名： White-line dwarfgoby

形态特征： 背部有小的黑色斑点，头部和腹侧无。体侧7深色斑点从臀鳍基底分布到尾部基底。

分布特征： 礁栖鱼类，出现于浅水潟湖和水道的浅水区；栖息水深范围为0～3 m；分布于太平洋海域。

生态习性： 杂食性，以藻类和小型无脊椎动物为食。

功能类群： 杂食性-底栖杂食型。

濒危等级： 未评估(NE)。

潜在危害： 无害。

优势度： 稀有种。

遇见指数： ☆。

【272】细斑矶塘鳢 *Eviota guttata*

英文名： Spotted dwarfgoby

形态特征： 体透明，白色条纹从眼部延伸至腹部，体侧有3暗红色条纹。虹膜上有黑色至淡黄色标记。

分布特征： 礁栖鱼类，栖息于藻类和珊瑚混合生长的浅礁区；栖息水深范围为1～15 m；分布于印度洋海域。

生态习性： 单独或小群出现。

功能类群： 杂食性-底栖杂食型。

濒危等级： 无危(LC)。

潜在危害： 无害。

优势度： 稀有种。

遇见指数： ☆。

【273】胸斑矶塘鳢 *Eviota prasites*

英文名： Hairfin dwarfgoby

形态特征： 体红色，背部和体下侧透明，体表有白色斑点，背部有红色小点。下颌具1黑带向后延伸至前鳃盖下部。胸鳍基部上缘具1黑点。

分布特征： 礁栖鱼类，栖息于潟湖礁区中的碎石区域；栖息水深范围为1～30 m；分布于西太平洋海域。

生态习性： 一般小群出现；杂食性，以藻类和小型无脊椎动物为食。

功能类群： 杂食性-底栖杂食型。

濒危等级： 无危(LC)。

潜在危害： 无害。

优势度： 稀有种。

遇见指数： ☆。

127. 凡塘鳢属 Genus *Valenciennea*

【274】六斑凡塘鳢 *Valenciennea sexguttata*

英文名： Sixspot goby

形态特征： 体白色至灰色，体侧具淡黄色纵带。脸颊部至少有6蓝色或浅蓝色斑点。颊部和鳃盖具6～10青蓝点。第一背鳍顶端有一黑色标记。

分布特征： 礁栖鱼类，栖息于潟湖和海湾中的粉砂或沙底洞穴中；栖息水深范围为3～25 m；分布于印度洋-太平洋海域。

生态习性： 通常成对出现；以小型底栖无脊椎动物为食。

功能类群： 肉食性-食小型无脊椎动物型。

濒危等级： 无危(LC)。

潜在危害： 无害。

优势度： 稀有种。

遇见指数： ☆。

【275】丝条凡塘鳢 *Valenciennea strigata*

英文名： Blueband goby

形态特征： 体浅灰色，头部淡黄色。眼下方到鳃盖有蓝色的弯曲条纹。胸鳍基部有1蓝白色窄条纹；体长大于4.5 cm个体的背鳍第Ⅱ～第Ⅳ硬棘延长呈丝状；尾鳍圆形。

分布特征： 礁栖鱼类，常见于水质清澈的潟湖外缘和向海礁区，栖息于坚硬的底质以及沙子和碎石上；栖息水深范围为1～25 m，通常为1～6 m；分布于印度洋-太平洋海域。

生态习性： 通常成对在所隐蔽的洞穴附近盘旋；一雄一雌；以沙中的小型底栖无脊椎动物、鱼类和鱼卵为食。

功能类群： 肉食性-食小型无脊椎动物型。

濒危等级： 未评估(NE)。

潜在危害： 无害。

优势度： 稀有种。

遇见指数： ☆☆。

128. 钝虾虎鱼属 Genus *Amblygobius*

【276】尾斑钝虾虎鱼 *Amblygobius phalaena*

英文名： Whitebarred goby

形态特征： 体绿褐色，体侧有5深棕色至黑色的横纹。眼部和颊部各有1灰白色边的暗色纵纹穿过。第一背鳍有黑色斑点；尾鳍上部靠近尾柄位置也有1黑色斑点。

分布特征： 礁栖鱼类，成鱼栖息于珊瑚礁区或靠近海草床的边缘沙地和碎石区域；栖息水深范围为不超过52 m，通常为2～20 m；分布于太平洋海域。

生态习性： 单独或成对出现；一雄一雌；通过吞入沙子来滤食其中的小型无脊椎动物、有机质和藻类。

功能类群： 杂食性-底栖杂食型。

濒危等级： 未评估(NE)。

潜在危害： 无害。

优势度： 稀有种。

遇见指数： ☆。

十、鲽形目 Order PLEURONECTIFORMES

（四十一）鲆科 Family Bothidae

体长椭圆形或长卵圆形，极纵扁。双眼同位于体左侧，偶有逆转型。底栖沙泥底鱼类，肉食性，主要以小鱼及甲壳类为食。本书记录 1 属 1 种。

129. 鲆属 Genus *Bothus*

【277】凹吻鲆 *Bothus mancus*

英文名： Flowery flounder

形态特征： 眼侧有深色边的浅色斑点和许多分散的小黑点。通常在侧线上有3深色斑块或斑点。背鳍和臀鳍有纵向排列、间隔宽的黑点。盲侧乳黄色。

分布特征： 礁栖鱼类，通常栖息珊瑚礁浅水区的沙底；栖息水深范围为3～150 m；分布于印度洋-太平洋海域。

生态习性： 底栖夜行性；以鱼、蟹、虾为食。

功能类群： 肉食性-一般肉食型。

濒危等级： 无危(LC)。

潜在危害： 无害。

优势度： 稀有种。

遇见指数： ☆。

十一、鲀形目 Order TETRAODONTIFORMES

（四十二）鳞鲀科 Family Balisitidae

体高而侧扁，卵圆形或长椭圆形。眼位于头部偏上后方。吻部尖且长。口小，端位。皮肤粗糙，覆盖盾状鳞。背鳍具 3 硬棘，第二背鳍与臀鳍相对；尾鳍圆形或弯月形。日行性鱼类，常单独活动。食性复杂，一般以底栖动物为食，如甲壳类、软体动物、海胆等棘皮动物、海鞘、珊瑚虫及鱼类等，还有些以浮游动物或藻类为食。本书记录 8 属 12 种。

130. 钩鳞鲀属 Genus *Balistapus*

【278】波纹钩鳞鲀 *Balistapus undulatus*

英文名： Orange-lined triggerfish

形态特征： 体深绿色至深棕色。吻部周围至胸鳍下方有橙色和蓝色相间的斜纹。头后部及体侧有许多弯曲的橙色斜纹。尾柄处有1黑色斑块。背鳍、臀鳍和胸鳍的软鳍条部分为橙色；尾鳍橙色。

分布特征： 礁栖鱼类，出现于珊瑚丰富的潟湖和向海礁区；栖息水深范围为2～50 m；分布于印度洋-太平洋海域。

生态习性： 有领域性；以底栖生物为食，如藻类、棘皮动物、鱼类、软体动物、被囊动物、海绵动物、腔肠动物等。

功能类群： 杂食性-底栖杂食型。

濒危等级： 未评估(NE)。

潜在危害： 可致外伤。

优势度： 稀有种。

遇见指数： ☆☆☆。

131. 拟鳞鲀属 Genus *Balistoides*

【279】圆斑拟鳞鲀 *Balistoides conspicillum*

英文名： Clown triggerfish

形态特征： 体表花纹独特，容易辨识。成鱼体深黑褐色，腹部有大的白色圆形斑；吻部为黄色，周围有1环状白色细纹；眼前部有1白色或黄色斑纹；第一背鳍黑色，第二背鳍与臀鳍白色，尾鳍黄色，基部与鳍缘黑色。

分布特征： 礁栖鱼类，栖息于水质清澈的海岸和外礁区；栖息水深范围为1～75 m；分布于印度洋-太平洋海域。

生态习性： 单独出现；以海胆、甲壳类、软体动物和被囊类为食。

功能类群： 肉食性-食大型无脊椎动物型。

濒危等级： 未评估(NE)。

潜在危害： 有雪卡毒素中毒报道。

优势度： 稀有种。

遇见指数： ☆☆。

【280】绿拟鳞鲀 *Balistoides viridescens*

英文名： Titan triggerfish

形态特征： 体蓝褐色，体表鳞片均具1深蓝色斑点。眶间有1深绿色带，并从眼部延伸至胸鳍基部。颊部略带黄色。上唇上方有1深绿色条带。第二背鳍、臀鳍和尾鳍为黄褐色，边缘深绿色。

分布特征： 礁栖鱼类，见于潟湖、向海礁区和隐蔽的内礁坡；栖息水深范围为1～50 m；分布于印度洋-太平洋海域。

生态习性： 单独或成对出现；对潜水员具有一定攻击性；以海胆、珊瑚、甲壳类、软体动物和管虫为食。

功能类群： 肉食性-食大型无脊椎动物型。

濒危等级： 未评估(NE)。

潜在危害： 有雪卡毒素中毒报道。

优势度： 稀有种。

遇见指数： ☆☆☆。

132. 角鳞鲀属 Genus *Melichthys*

【281】黑边角鳞鲀 *Melichthys vidua*

英文名： Pinktail triggerfish

形态特征： 体黑色或黑褐色。背鳍和臀鳍的软鳍条部分为白色，具黑色边；胸鳍黄色；尾鳍基部白色，后半部粉红色。

分布特征： 礁栖鱼类，在珊瑚礁丰富、有水流的区域较为常见；栖息水深范围为4～60 m；分布于印度洋-太平洋海域。

生态习性： 单独或松散的小群出现；以藻类和碎屑为食，也捕食甲壳类、章鱼、海绵和鱼类。

功能类群： 杂食性-底栖杂食型。

濒危等级： 未评估(NE)。

潜在危害： 无害。

优势度： 优势种。

遇见指数： ☆☆☆☆☆。

133. 红牙鳞鲀属 Genus *Odonus*

【282】红牙鳞鲀 *Odonus niger*

英文名：Red-toothed triggerfish
形态特征：体蓝黑色。头部颜色较浅。吻缘蓝色，自吻部延伸至眼部有蓝纹。齿红色，上颌有一对长犬齿。尾鳍上下叶延长呈丝状。
分布特征：礁栖鱼类，栖息于有水流冲刷的斜坡和水道；栖息水深范围为5～40 m；分布于印度洋-太平洋海域。
生态习性：单独或成群出现；以海胆和浮游动物为食。
功能类群：杂食性-日行浮游食型。
濒危等级：未评估(NE)。
潜在危害：无害。
优势度：一般种。
遇见指数：☆☆☆。

134. 副鳞鲀属 Genus *Pseudobalistes*

【283】黄边副鳞鲀 *Pseudobalistes flavimarginatus*

英文名：Yellowmargin triggerfish
形态特征：体稍延长呈长椭圆形。体黄褐色。体和尾部的鳞片上都有1深绿色的点。背鳍2，第一背鳍的第Ⅰ棘粗大，第Ⅱ棘细长，第一背鳍黄色，第二背鳍和臀鳍深绿色；背鳍、臀鳍缘橙色；胸鳍绿色，具橙边；尾鳍新月形，深绿色，具橙边。
分布特征：礁栖鱼类，主要栖息于潟湖或礁区中的沙底区域；栖息水深范围为2～50 m；分布于印度洋-太平洋海域。
生态习性：通常单独或成对活动；以底栖动物为食，如珊瑚枝芽的顶端、腹足类、甲壳类、海胆和被囊类。
功能类群：肉食性-食大型无脊椎动物型。
濒危等级：未评估(NE)。
潜在危害：有雪卡毒素中毒报道。
优势度：少见种。
遇见指数：☆☆☆。

135. 锉鳞鲀属 Genus *Rhinecanthus*

【284】叉斑锉鳞鲀 *Rhinecanthus aculeatus*

英文名： White-banded triggerfish

形态特征： 体背部褐色，腹部白色。眼部到胸鳍基部有3蓝色条带，条带之间为褐色。上唇上部有1蓝环围绕；从口部至胸鳍基部下方有1橘黄色条带。体中央有1黑色大斑块，后下方有多条白色条带。尾柄棘刺黑色。第一背鳍黑色，其余各鳍白色。

分布特征： 礁栖鱼类，主要分布于浅的潟湖和亚潮间带礁区；栖息水深范围为0～50 m；分布于印度洋-太平洋海域。

生态习性： 生性机警，具有一定的领域性；以藻类、碎屑、软体动物、甲壳类、蠕虫、海胆、鱼类、珊瑚、被囊类、有孔虫和卵为食。

功能类群： 杂食性-底栖杂食型。

濒危等级： 未评估(NE)。

潜在危害： 无害。

优势度： 稀有种。

遇见指数： ☆。

【285】黑带锉鳞鲀 *Rhinecanthus rectangulus*

英文名： Wedge-tail triggerfish

形态特征： 身体橙棕色，头部和腹部白色。一黑色带始于眼部至胸鳍基部变宽，并折向臀鳍基部，黑带上方有叉形金线并延伸至近尾柄处。尾柄有1近三角形黑色斑块，具金色边。

分布特征： 礁栖鱼类，栖息于易受涌浪影响的浅礁区；栖息水深范围为10～20 m；分布于印度洋-太平洋海域。

生态习性： 单独出现；底栖食性，以藻类、碎屑、软体动物、甲壳类、多毛类、棘皮类、鱼类、海绵、有孔虫等为食。

功能类群： 杂食性-底栖杂食型。

濒危等级： 未评估(NE)。

潜在危害： 无害。

优势度： 一般种。

遇见指数： ☆☆☆。

136. 多棘鳞鲀属 Genus *Sufflamen*

【286】颈带多棘鳞鲀 *Sufflamen bursa*

英文名： Boomerang triggerfish

形态特征： 体浅褐色。其显著特征为眼后部2黄褐色至绿色的镰刀状条纹，一条自眼延伸至胸基部前，另一条在鳃后向下至胸鳍基部，向上延伸至第一背鳍。口角至肛门具1白线。

分布特征： 礁栖鱼类，主要出现于潮下带的浪涌区；栖息水深范围为3～90 m；分布于印度洋-太平洋海域。

生态习性： 单独出现；底栖食性，以蟹、双壳类、腹足类、藻类、棘皮类、被囊类、多毛类和碎屑为食。

功能类群： 杂食性-底栖杂食型。

濒危等级： 未评估(NE)。

潜在危害： 无害。

优势度： 稀有种。

遇见指数： ☆。

【287】黄鳍多棘鳞鲀 *Sufflamen chrysopterum*

英文名：Halfmoon triggerfish

形态特征：体褐色。喉与腹部浅蓝色。眼后部有1横纹，一般为白色，有时也为黄色或黑色。尾鳍深棕色，后缘有1宽白带。

分布特征：礁栖鱼类，出现于浅潟湖和向海礁区；栖息水深范围为1～30 m；分布于印度洋-西太平洋海域。

生态习性：单独出现，具有领域性；以各种无脊椎动物为食。

功能类群：肉食性-食大型无脊椎动物型。

濒危等级：未评估(NE)。

潜在危害：无害。

优势度：一般种。

遇见指数：☆☆☆☆。

137. 凹纹鳞鲀属 Genus *Xanthichthys*

【288】黄边凹纹鳞鲀 *Xanthichthys auromarginatus*

英文名：Gilded triggerfish

形态特征：体深灰褐色，略带蓝色。颊下半部有1蓝色区域。各鳍褐色，背鳍、臀鳍、尾鳍边缘黄色。

分布特征：礁栖鱼类，出现于受水流冲刷的区域；栖息水深范围为8～150 m，通常为24～147 m；分布于印度洋-太平洋海域。

生态习性：一般以松散的小群体出现；以浮游动物为食，特别是桡足类。

功能类群：杂食性-日行浮游食型。

濒危等级：未评估(NE)。

潜在危害：无害。

优势度：少见种。

遇见指数：☆☆☆。

【289】黑带凹吻鳞鲀 *Xanthichthys caeruleolineatus*

英文名： Outrigger triggerfish

形态特征： 体背侧黄褐色，腹侧银白色；体背于腹侧之间有1上淡褐色下蓝色的纵带。颊部灰褐色至黄褐色。背鳍鳍膜黑色；尾鳍橘红色，上下鳍条边缘颜色深，末端白色；其余各鳍白色。

分布特征： 礁栖鱼类，栖息于深海暗礁中；栖息水深范围为15～200 m，通常为50～200 m；分布于印度洋-西太平洋海域。

生态习性： 以浮游动物为食。

功能类群： 杂食性-日行浮游食型。

濒危等级： 未评估(NE)。

潜在危害： 无害。

优势度： 稀有种。

遇见指数： ☆

（四十三）单角鲀科 Family Monacanthidae

体侧扁。吻部较长。口小，端位。全身被覆小而粗糙的鳞片。尾柄宽。第一背鳍有 2 硬棘，第 I 硬棘长，第 II 硬棘短或缺；第二背鳍及臀鳍软条均不分叉。可根据环境改变体色，有自我保护能力。通常喜欢躲藏于海藻叶或珊瑚礁间隙。杂食性鱼类，主要以底栖动物和藻类为食。本书记录 2 属 3 种。

138. 前孔鲀属 Genus *Cantherhines*

【290】棘尾前孔鲀 *Cantherhines dumerilii*

英文名： Whitespotted filefish

形态特征： 体椭圆形，侧扁。体呈褐色，体中至尾柄间有约12暗棕色横纹。头高。吻长；唇厚呈白色。尾柄短，无刚毛，每侧有4由鳞片小棘特化的白色倒钩。背鳍2，第一背鳍位于鳃孔上方，棘强且长；尾鳍深褐色，边缘黄色；其余各鳍为淡黄色。

分布特征： 礁栖鱼类，栖息于离岸礁区，单独或成对出现；栖息水深范围为6～70 m，通常为6～35 m；分布于印度洋-太平洋海域。

生态习性： 幼鱼浮游食性，常藏于漂浮物的下方；成鱼则单独或成对栖息于珊瑚礁区；生性胆怯，受惊吓常躲藏于珊瑚礁的洞穴或缝隙中；以珊瑚枝芽的顶端、藻类、海绵、海胆和软体动物为食。

功能类群： 肉食性-食大型无脊椎动物型。

濒危等级： 未评估(NE)。

潜在危害： 无害。

优势度： 少见种。

遇见指数： ☆☆☆

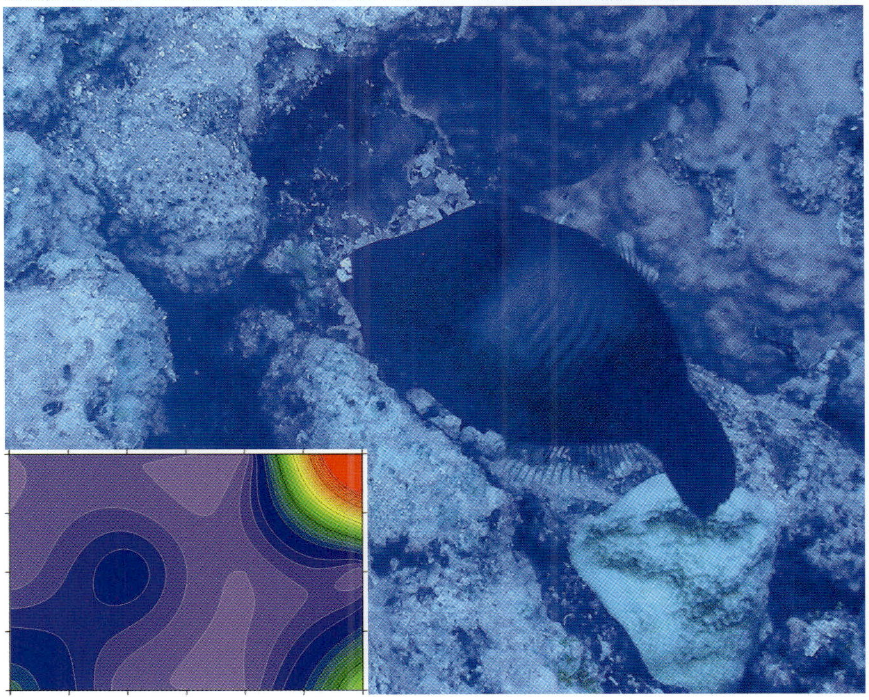

【291】细斑前孔鲀 *Cantherhines pardalis*

英文名： Honeycomb filefish

形态特征： 体色多变，如斑驳的灰色和棕色，或深棕色，或灰色并分布有密集的多边形斑点，并连接成网状结构。头部有许多体侧延伸过来的白纹，都向吻端集中。尾鳍淡黄褐色，边缘白色。

分布特征： 礁栖鱼类，出现于外礁坡，通常栖息底质为粉沙；栖息水深范围为2～20 m；分布于印度洋-太平洋海域。

生态习性： 单独出现，生性隐秘；以底栖生物为食。

功能类群： 杂食性-底栖杂食型。

濒危等级： 无危(LC)。

潜在危害： 无害。

优势度： 稀有种。

遇见指数： ☆。

139. 尖吻鲀属 Genus *Oxymonacanthus*

【292】尖吻鲀 *Oxymonacanthus longirostris*

英文名： Harlequin filefish

形态特征： 体呈长椭圆形。体蓝绿色，体侧分布有成列的橘黄色斑点。口延长呈管状。眼中围绕瞳孔有辐射状的黄带。尾鳍淡蓝绿色，后下方有1黑斑。

分布特征： 礁栖鱼类，出现于水质清澈的潟湖和向海礁区；栖息水深范围为1～35 m；分布于印度洋-太平洋海域。

生态习性： 成对或小群出现；在海藻丛中或死珊瑚基部筑巢，以珊瑚的水螅体为食。

功能类群： 珊瑚食性-专食珊瑚型

濒危等级： 易危(VU)。

潜在危害： 无害。

优势度： 稀有种。

遇见指数： ☆☆☆。

（四十四）箱鲀科 Family Ostraciontidae

体粗短，由多角形的骨质盾板构成如铠甲一样的坚硬外壳，只有口部、肛门、尾柄及鳍条能自由活动。体表布满小突脊而显得粗糙。口小，位于头部下方；唇厚。背鳍 1，背鳍鳍条均无硬棘；无腹鳍；尾鳍圆形。一般栖息于热带沿岸区，游泳能力弱。主要以多种底栖动物，如海鞘、海绵及软珊瑚为食，也有一些以藻类为食。皮肤可分泌箱鲀毒素。本书记录 1 属 2 种。

140. 箱鲀属 Genus *Ostracion*

【293】粒突箱鲀 *Ostracion cubicus*

英文名： Yellow boxfish

形态特征： 幼鱼体亮黄色，并分布有白色斑点。成鱼体黄褐色至灰褐色，头部散布小黑点；体表分布有许多黑边的白色或淡蓝色斑点；各鳍鲜黄色至黄绿色，散布黑色小点，尾鳍较暗。

分布特征： 礁栖鱼类，栖息于潟湖或半遮蔽的向海礁区；栖息水深范围为1～280 m，通常为1～50 m；分布于印度洋-太平洋海域。

生态习性： 主要以藻类为食，辅以小型无脊椎动物，如软体动物、海绵、多毛类、甲壳类、有孔虫，甚至鱼类。

功能类群： 杂食性-底栖杂食型。

濒危等级： 未评估(NE)。

潜在危害： 无害。

优势度： 稀有种。

遇见指数： ☆。

【294】白斑箱鲀 *Ostracion meleagris*

英文名： Whitespotted boxfish

形态特征： 幼鱼和雌鱼体呈棕色或绿色，体表分布有白色斑点。成年雄鱼体侧有橙色的斑点和条纹。成鱼各鳍条色深，与体同色，鳍膜透明。

分布特征： 礁栖鱼类，栖息于清澈的潟湖和向海礁区；栖息水深范围为1～30 m；分布于印度洋-太平洋海域。

生态习性： 单独出现；主要以藻类、多毛类、海绵、软体动物、桡足类等为食。

功能类群： 杂食性-底栖杂食型。

濒危等级： 未评估(NE)。

潜在危害： 有毒。

优势度： 稀有种。

遇见指数： ☆☆。

（四十五）鲀科 Family Tetraodontidae

体粗短，略呈圆筒形或体延长，侧扁。牙齿与上下颌骨愈合成 4 齿板。尾柄短小或细长；尾部沿体下部两侧常具一明显皮褶。背鳍 1；臀鳍与背鳍同形；胸鳍宽而短；无腹鳍；尾鳍圆形、截形或新月形；鳍条均无硬棘。栖息范围广，有大洋、礁区、沙泥底及潟湖等。肉食性，主要以具有硬壳的软体动物、棘皮类、虾蟹、珊瑚、海鞘、多毛类及海绵等为食。行动缓慢，遇敌时吞入大量海水或空气，使身体鼓胀如球。具有河鲀毒素。本书记录 2 属 5 种。

141. 叉鼻鲀属 Genus *Arothron*

【295】纹腹叉鼻鲀 *Arothron hispidus*

英文名： White-spotted puffer

形态特征： 头部、背部及体侧分布有许多大大小小的白色斑点，腹部有多条平行排列的深褐色细纹。眼部周围有1～3成环的白色线纹。背鳍基部和胸鳍基部黑色。

分布特征： 礁栖鱼类，栖息于外礁坡、内礁滩和潟湖；栖息水深范围为1～50 m；分布于印度洋-太平洋海域。

生态习性： 单独出现，具有领域性；以藻类、碎屑、软体动物、被囊类、海绵、珊瑚、海葵、蟹、管虫和棘皮类为食。

功能类群： 杂食性-底栖杂食型。

濒危等级： 无危(LC)。

潜在危害： 食用有毒。

优势度： 稀有种。

遇见指数： ☆。

【296】黑斑叉鼻鲀 *Arothron nigropunctatus*

英文名： Blackspotted puffer

形态特征： 体色多变；体背部褐色，腹部白色，体侧散布数量不多的黑点。吻与鳃孔深色。胸鳍宽短；尾鳍宽大，呈圆弧形。

分布特征： 礁栖鱼类，栖息于外礁坡顶和斜坡上，也见于潟湖；栖息水深范围为3～25 m；分布于印度洋-太平洋海域。

生态习性： 单独出现；以珊瑚（通常为鹿角珊瑚的顶端部分）、甲壳类、软体动物、海绵、被囊类和藻类为食。

功能类群： 杂食性-底栖杂食型。

濒危等级： 无危(LC)。

潜在危害： 食用有毒。

优势度： 稀有种。

遇见指数： ☆。

【297】星斑叉鼻鲀 *Arothron stellatus*

英文名：Stellate puffer

形态特征：背部浅褐色或灰褐色，腹部颜色淡。头背部和体侧密布黑色斑点。背鳍、臀鳍及尾鳍也有黑点；胸鳍基部上下方各有1黑斑。

分布特征：礁栖鱼类，栖息于清澈的潟湖和向海礁区；栖息水深范围为3～58 m；分布于印度洋-太平洋海域。

生态习性：单独出现；以藻类和底栖无脊椎动物为食。

功能类群：杂食性-底栖杂食型。

濒危等级：无危(LC)。

潜在危害：食用有毒。

优势度：稀有种。

遇见指数：☆。

142. 扁背鲀属 Genus *Canthigaster*

【298】细斑扁背鲀 *Canthigaster solandri*

英文名：Spotted sharpnose

形态特征：体红褐色，体表密布蓝、白至灰色的黑边斑点。眼部周围有多条黑边的蓝色线纹。背鳍基部有1黑色斑块；尾鳍棕色，并分布有淡色斑点。

分布特征：礁栖鱼类，栖息于礁滩、礁台、潟湖和向海礁区；栖息水深范围为10～36 m；分布于印度洋-太平洋海域。

生态习性：成对或成小群出现；主要以丝状红藻和绿藻，以及钙化红藻为食，也食珊瑚、被囊类、软体动物、棘皮类、多毛类、甲壳类和苔藓动物。

功能类群：杂食性-底栖杂食型。

濒危等级：无危(LC)。

潜在危害：食用有毒。

优势度：稀有种。

遇见指数：☆。

【299】横带扁背鲀 *Canthigaster valentini*

英文名： Valentin’s sharpnose puffer
形态特征： 体上半部白色至淡黄色，腹部白色。其显著特征是体侧有2棕色横带超过胸鳍基部，并延伸至腹部。体侧分布有许多黄褐色斑点。眼部周围有多条辐射状蓝细纹。
分布特征： 礁栖鱼类，发现于潮下带潟湖和向海礁区中的珊瑚和岩石间；栖息水深范围为1～55 m；分布于印度洋-太平洋海域。
生态习性： 主要以丝状绿藻和红藻、被囊类为食，以及少量珊瑚、苔藓虫、多毛类、棘皮类、软体动物和钙化红藻。
功能类群： 杂食性-底栖杂食型。
濒危等级： 无危(LC)。
潜在危害： 食用有毒。
优势度： 稀有种。
遇见指数： ☆。

（四十六）刺鲀科 Family Diodontidae

体呈圆筒形，头及体前部宽圆，尾部渐短小而呈锥状。背部平广有气囊，腹部能膨胀。眼大。背鳍和臀鳍短而圆；无腹鳍及侧线。体被由鳞片特化而成的棘刺。常栖息于岩礁浅水区，傍晚出来觅食。遇到危险时会吞水使身体膨胀，竖起全身棘刺，使捕食者无法吞食。肉食性，主要以贝类、棘皮类和蟹等无脊椎动物为食。本书记录1属2种。

143. 刺鲀属 Genus *Diodon*

【300】密斑刺鲀 *Diodon hystrix*

英文名：Spot-fin porcupinefish

形态特征：体粗壮。体呈浅棕色，腹部白色。齿合生，但中间没有分裂。体被长而尖的刺，当身体没有膨胀时向后折叠。体表、胸鳍、臀鳍、背鳍和尾鳍分布有深色斑点。

分布特征：礁栖鱼类，常见于浅礁的洞穴中；栖息水深范围为2～50 m，通常为3～20 m；分布于印度洋-太平洋海域。

生态习性：单独出现；夜行性；底栖性，以带有硬壳的无脊椎动物为食，如海胆、腹足类和寄居蟹。

功能类群：肉食性-食大型无脊椎动物型。

濒危等级：无危(LC)。

潜在危害：食用有毒。

优势度：稀有种。

遇见指数：☆。

【301】大斑刺鲀 *Diodon liturosus*

英文名：Black-blotched porcupinefish

形态特征：体背侧灰褐色，腹部白色。体背侧、体侧具有多个浅色边的深色斑块。眼下方具喉斑。背鳍、臀鳍、胸鳍及尾鳍淡色，无任何小黑斑。

分布特征：礁栖鱼类，栖息于礁坡边缘和斜坡；栖息水深范围为1～90 m，通常为15～30 m；分布于印度洋-太平洋海域。

生态习性：单独出现；白天躲藏于洞穴和岩壁上，夜晚出来觅食；以甲壳类和软体动物为食。

功能类群：肉食性-食大型无脊椎动物型。

濒危等级：未评估(NE)。

潜在危害：有雪卡毒素中毒报道。

优势度：稀有种。

遇见指数：☆。

主要参考文献

陈国宝 , 李永振 , 陈新军 . 2007. 南海主要珊瑚礁水域的鱼类物种多样性研究 [J]. 生物多样性 , 15: 373-381.

傅亮 . 2014. 中国南海西南中沙群岛珊瑚礁鱼类图谱 [M]. 北京 : 中信出版社 .

高永利 , 黄晖 , 练健生 , 等 . 2014. 西沙群岛礁栖鱼类物种多样性及其食性特征 [J]. 生物多样性 , 22: 618-623.

黄晖，杨剑辉，董志军 . 2013. 南沙群岛渚碧礁珊瑚礁生物图册 [M]. 北京 : 海洋出版社 .

黄晖 , 杨剑辉 , 江雷 , 等 . 2018. 西沙群岛珊瑚礁生物图册 [M]. 北京 : 科学出版社 .

黄晖 , 张成龙 , 杨剑辉 , 等 . 2012. 南沙群岛渚碧礁海域造礁石珊瑚群落特征 [J]. 应用海洋学学报 , 31: 79-84.

李永振 , 史赟荣 , 艾红 , 等 . 2011. 南海珊瑚礁海域鱼类分类多样性大尺度分布格局 [J]. 中国水产科学 , 18: 619-628.

刘瑞玉 . 2008. 中国海洋生物名录 [M]. 北京 : 科学出版社 .

马彩华 , 游奎 , 李凤岐 , 等 . 2006. 南海鱼类生物多样性与区系分布 [J]. 中国海洋大学学报 (自然科学版), 36: 665-670.

中国科学院动物研究所 , 中国科学院海洋研究所 , 上海水产学院 , 等 . 1962. 南海鱼类志 [M]. 北京 : 科学出版社 .

Allen GR, Roger SR, Humann P, et al. 2012. Reef Fish Identification: Tropical Pacific [M]. Jacksonville: New World Publications.

Ferreira CEL, Peret AC, Coutinho R. 1998. Seasonal grazing rates and food processing by tropical herbivorous fishes[J]. Journal of Fish Biology, 53: 222-235.

Goatley CHR, Bellwood DR. 2011. The roles of dimensionality, canopies and complexity in ecosystem monitoring[J]. PloS One, 6: e27307.

Hughes TP, Rodrigues MJ, Bellwood DR, et al. 2007. Phase shifts, herbivory, and the resilience of coral reefs to climate change[J]. Current Biology, 17: 360-365.

Leray M, Meyer CP, Mills SC. 2015. Metabarcoding dietary analysis of coral dwelling predatory fish demonstrates the minor contribution of coral mutualists to their highly partitioned, generalist diet[J]. Peer J, 3: e1047.

Polunin NVC, Harmelinvivien M, Galzin R. 1995. Contrasts in algal food-processing among 5 herbivorous coral-reef fishes[J]. Journal of Fish Biology, 47: 455-465.

Pratchett MS, Hoey AS, Wilson SK, et al. 2011. Changes in biodiversity and functioning of reef fish assemblages following coral bleaching and coral loss [J]. Diversity, 3: 424-451.

Smith JE, Hunter CL, Smith CM. 2010. The effects of top-down versus bottom-up control on benthic coral reef community structure[J]. Oecologia, 163: 497-507.

Wilkinson C. 2008. Status of Coral reefs of the World: 2008[R]. Global Coral Reef Monitoring Network and Reef and Rainforest Research Centre, Townsville, Australia: 296.

Wilson SK, Bellwood DR, Choat J H, et al. 2003. Detritus in the epilithic algal matrix and its use by coral reef fishes[J]. Oceanography and Marine Biology: an Annual Review, 41:279-309.

中文名索引

拉丁名索引